11-048职业技能鉴定指导书

职业标准·试题库

电 力 电 缆

（第二版）

电力行业职业技能鉴定指导中心　编

电力工程　线路运行与
检修专业

U0363681

中国电力出版社
www.cepp.com.cn

内 容 提 要

本《指导书》是按照劳动和社会保障部制定国家职业标准的要求编写的，其内容主要由职业概况、职业培训、职业技能鉴定和鉴定试题库四部分组成，分别对技术等级、工作环境和职业能力特征进行了定性描述；对培训期限、教师、场地设备及培训计划大纲进行了指导性规定。本《指导书》自2002年出版后，对行业内职业技能培训和鉴定工作起到了积极的作用，本书在原《指导书》的基础上进行了修编，补充了内容，修正了错误。

试题库是根据《中华人民共和国国家职业标准》和针对本职业（工种）的工作特点，选编了具有典型性、代表性的理论知识（含技能笔试）试题和技能操作试题，还编制有试卷样例和组卷方案。

《指导书》是职业技能培训和技能鉴定考核命题的依据，可供劳动人事管理人员、职业技能培训及考评人员使用，亦可供电力（水电）类职业技术学校和企业职业学习参考。

图书在版编目（CIP）数据

电力电缆 / 电力行业职业技能鉴定指导中心编. —2版.
北京：中国电力出版社，2009.2（2018.4重印）
（职业技能鉴定指导书. 职业标准试题库）
ISBN 978-7-5083-7884-8

Ⅰ. 电…　Ⅱ. 电…　Ⅲ. 电力电缆–职业技能鉴定–习题
Ⅳ. TM247-44

中国版本图书馆 CIP 数据核字（2008）第 149272 号

中国电力出版社出版、发行
（北京市东城区北京站西街 19 号　100005　http://www.cepp.com.cn）
三河市百盛印装有限公司印刷
各地新华书店经售

*

2002 年 1 月第一版
2009 年 2 月第二版　　2018 年 4 月北京第十八次印刷
850 毫米×1168 毫米　32 开本　9.75 印张　248 千字
印数 62501—65500 册　定价 32.00 元

电力职业技能鉴定题库建设工作委员会

主　任　徐玉华

副主任　方国元　　王新新　　史瑞家　　杨俊平

　　　　　陈乃灼　　江炳思　　李治明　　李燕明

　　　　　程加新

办公室　石宝胜　　徐纯毅

委　员（以姓氏笔画为序）

马建军　　马振华　　马海福　　王　玉

王中奥　　王向阳　　王应永　　丘佛田

李　杰　　李生权　　李宝英　　刘树林

吕光全　　许佐龙　　朱兴林　　陈国宏

季　安　　吴剑鸣　　杨　威　　杨文林

杨好忠　　杨耀福　　张　平　　张龙钦

张彩芳　　金昌榕　　南昌毅　　倪　春

高　琦　　高应云　　奚　珣　　徐　林

谌家良　　章国顺　　董双武　　焦银凯

景　敏　　路俊海　　熊国强

第一版编审人员

编写人员：蒋宏济　万云平　魏　林

审定人员：闵智仁　邹玉华　鲁爱斌

　　　　　廉锦山

第二版编审人员

编写人员（修订人员）：王　凯　田小文

审定人员：谢才用　王　恒　杨大庆

说　明

为适应开展电力职业技能培训和实施技能鉴定工作的需要，按照劳动和社会保障部关于制定国家职业标准，加强职业培训教材建设和技能鉴定试题库建设的要求，电力行业职业技能鉴定指导中心统一组织编写了电力职业技能鉴定指导书（以下简称《指导书》）。

《指导书》以电力行业特有工种目录各自成册，于1999年陆续出版发行。

《指导书》的出版是一项系统工程，对行业内开展技能培训和鉴定工作起到了积极作用。由于当时历史条件和编写力量所限，《指导书》中的内容已不能适应目前培训和鉴定工作的新要求，因此，电力行业职业技能鉴定指导中心决定对《指导书》进行全面修编，在各网省电力（电网）公司、发电集团和水电工程单位的大力支持下，补充内容，修正错误，使之体现时代特色和要求。

《指导书》主要由"职业概况"、"职业技能培训"、"职业技能鉴定"和"鉴定试题库"四部分内容组成。其中"职业概况"包括职业名称、职业定义、职业道德、文化程度、职业等级、职业环境条件、职业能力特征等内容；"职业技能培训"包括对不同等级的培训期限要求，对培训指导教师的经历、任职条件、资格要求，对培训场地设备条件的要求和培训计划大纲、培训重点、难点以及对学习单元的设计等；"职业技能鉴定"的依据是《中华人民共和国国家职业标准》，其具体内容不再在本书中重复；鉴定试题库是根据《中华人民共和国国家职业标准》所规定的范围和内容，以实际技能操作主线，按照选择题、判断题、简答题、计算题、绘图题和论述题六种题型进行选题，并以难易程度组合排列，同时汇集了大量电力生产建设过程中具有普遍代表性和典型性的实际操作试题，构成了各工种的技能鉴定试题库。试题库的深度、广度涵盖了本职业技能鉴定的全部内容。题库之后还附有试卷样例和组卷方案，为实施鉴定命题提供依据。

《指导书》力图实现以下几项功能：劳动人事管理人员可根据《指导书》进行职业介绍，就业咨询服务；培训教学人员可按照《指导书》中的培训大纲组织教学；学员和职工可根据《指导书》要求，制订自学计划，确立发展目标，走自学成才之路。《指导书》对加强职工队伍培养，提高队伍素质，保证职业技能鉴定质量将起到重要作用。

本次修编的《指导书》仍会有不足之处，敬请各使用单位和有关人员及时提出宝贵意见。

电力行业职业技能鉴定指导中心

2008 年 6 月

目 录

说明

1 职业概况 1

1.1 职业名称 1
1.2 职业定义 1
1.3 职业道德 1
1.4 文化程度 1
1.5 职业等级 1
1.6 职业环境条件 1
1.7 职业能力特征 1

2 职业技能培训 3

2.1 培训期限 3
2.2 培训教师资格 3
2.3 培训场地 3
2.4 培训项目 4
2.5 培训大纲 4

3 职业技能鉴定 17

3.1 鉴定要求 17
3.2 考评人员 17

4 鉴定试题库 19

4.1 理论知识（含技能笔试）试题 21
4.1.1 选择题 21

4.1.2　判断题 ··· 65
4.1.3　简答题 ··· 86
4.1.4　计算题 ··· 127
4.1.5　绘图题 ··· 166
4.1.6　论述题 ··· 200
4.2　技能操作试题 ··· 234
4.2.1　单项操作 ··· 234
4.2.2　多项操作 ··· 266
4.2.3　综合操作 ··· 284

5　**试卷样例** ··· 288

6　**组卷方案** ··· 302

1 职业概况

1.1 职业名称

电力电缆（11—048）。

1.2 职业定义

从事电缆安装及检修的人员。

1.3 职业道德

热爱本职工作，刻苦钻研技术，遵纪守法，爱护工具、设备，安全文明生产，诚实团结协作，艰苦朴素，尊师爱徒。

1.4 文化程度

中等职业技术学校毕（结）业。

1.5 职业等级

本职业按照国家职业资格的规定，为初级（五级）、中级（四级）、高级（三级）、技师（二级）四个技术等级。

1.6 职业环境条件

室内外作业：随季节变化需在不同温度下作业；温度太低不宜进行操作；有一定的噪声及灰尘；部分工作接触有毒气体。

1.7 职业能力特征

本职业应具有对工具、材料、设备有识别和使用的能力；

有识绘图纸能力；理解和应用技术文件能力；应用计算能力；分析、检查、判断能力；技术改造创新能力；组织培训和传授技艺能力；相关工种能力。

2 职业技能培训

2.1 培训期限

2.1.1 初级工：累计不少于 500 标准学时；

2.1.2 中级工：在取得初级职业资格的基础上累计不少于 400 标准学时；

2.1.3 高级工：在取得中级职业资格的基础上累计不少于 400 标准学时；

2.1.4 技师：在取得高级职业资格的基础上累计不少于 500 标准学时。

2.2 培训教师资格

应具备电力电缆专业理论知识、安装操作技能和一定的培训教学经验。

2.2.1 具有中级以上专业技术职称的工程技术人员和高级工、技师，并经师资培训取得资格证书，可担任初、中级工培训教师；

2.2.2 具有高级以上专业技术职称的工程技术人员并经师资培训取得资格证书，可担任高级工、技师、高级技师的培训教师。

2.3 培训场地

2.3.1 具备本工种基础知识培训的教室和教学设备；

2.3.2 具有基本技能训练的实习场所、实际操作训练设备；

2.3.3 电缆安装（检修）工地或安装场所。

2.4 培训项目

2.4.1 培训目的：通过培训达到《职业技能鉴定规范》对本职业的知识和技能要求。

2.4.2 培训方式：以自学和脱产相结合的方式，进行基础知识讲课和技能训练。

2.4.3 培训重点：

（1）不断增强安全操作意识。

（2）严格执行与本行业有关的各种《规程》、《规范》、《标准》、《作业指导书》和有关制度的自觉性。

（3）电缆结构与分类、不同型号电缆的使用范围。

（4）电气绝缘的理论知识。

（5）电缆安装的技能：① 电缆敷设技能；② 电缆终端头和电缆中间接头安装技能；③ 电缆安装器具、设备使用和保养技能。

（6）电缆运行、维护与试验技能：① 电缆运行监测，温度测量技能；② 电缆巡视，发现安全隐患的技能；③ 电缆试验技能；④ 电缆故障寻测和分析故障的能力。

（7）电气接线、电缆地理位置、机械装配的识绘图能力。

（8）电工和力学计算能力。

（9）微机地理信息系统的应用。

2.5 培训大纲

本职业技能模块培训大纲，以模块组合（MES）——模块（MU）——学习单元（LE）的结构模式进行编写，其学习目标及内容见表 1；职业技能模块及学习单元对照选择表见表 2；学习单元名称见表 3。

表1			培 训 大 纲		
模块序号及名称	单元序号及名称	学习目标	学习内容	学习方式	参考学时
MU1 电力电缆安装及检修人员职业道德	**LE1** 电力电缆工的职业道德	通过本单元学习之后，能够掌握本工种的职业道德、规范，自觉遵守行为规范和准则	1. 热爱祖国，热爱本职工作 2. 刻苦学习，钻研技术 3. 爱护设备，工具 4. 团结协作 5. 遵章守纪，安全文明生产 6. 尊师爱徒，严守岗位职责 7. 安装质量与服务意识	自学	2
MU2 安全生产和安全防护	**LE2** 熟悉《安全工作规程》	通过本单元学习，了解重视安全的意义，掌握安规	1. 安全工作对电力生产，电力建设的重大意义 2.《电业安全工作规程》的线路部分和发电厂、变电所部分	结合实际讲课	8
	LE3 触电紧急救护	通过本单元学习，掌握触电紧急救护的一般方法	1. 脱离电源 2. 人工呼吸 3. 防止受伤和常用救护方法	结合实际讲课	6
MU3 电缆基本知识	**LE4** 电缆的现状和发展	通过本单元学习，了解使用电缆的意义和现状	1. 电缆在电网中的作用 2. 电缆发展的方向 3. 各国电缆使用现状	讲课	3
	LE5 电缆种类和型号	通过本单元的学习，了解电缆的种类和型号、作用和结构	1. 关于电缆的基本理论知识 2. 电缆的分类及其作用 3. 电缆的型号和运用范围 4. 电缆结构和不同构层的作用	讲课	10

模块序号及名称	单元序号及名称	学习目标	学习内容	学习方式	参考学时
MU4 电缆工的基本操作	LE6 电工基本操作	通过本单元的学习，掌握一般电工工具的使用和电工常用操作方法	1. 常用电工工具的使用，如试电笔、钢丝钳、螺丝刀、扳手、电工刀等 2. 能安装一般照明线路和动力线路和配电盘	结合实际讲解	16
	LE7 电缆工基本操作	通过本单元学习，掌握电缆工的专用工具和电缆施工的基本操作	1. 扩铅操作 2. 剖铅、胀铅操作和线芯圆规的使用，铅套管敲拍收口 3. 锡焊和压接 4. 橡塑电缆的剥、切、削、割、刮、磨、砂等操作 5. 绝缘带的半搭盖绕包	结合实际讲解	22
	LE8 火器使用	通过本单元的学习，掌握喷灯或其他燃气枪的使用方法	1. 使用喷灯或其他燃气火器的安全注意事项 2. 喷灯的基本原理和修理	结合实际讲解	4
	LE9 烧、熬、灌操作	通过本单元的学习，掌握烧、熬、灌的基本操作和安全注意事项	1. 封铅的配比和熬制 2. 沥青、电缆油等的烧煮和灌注基本操作和注意事项	结合实际讲解	3
	LE10 钳工基本操作	通过本单元的学习掌握必要的钳工操作方法	錾、锯割、锉削、钻孔、功丝	结合实际讲解	12
	LE11 线路电工的基本操作	通过本单元的学习，掌握线路电工的基本操作方法	1. 上杆塔的方法和安全注意事项 2. 杆（塔）上工作的基本操作方法	结合实际讲解	14
	LE12 起重工基本操作	通过本单元的学习，掌握起重工作的基本操作方法	1. 起重工作的一般知识 2. 各种绳结 3. 钢丝绳牵引的一般方法 4. 牵引头制作	结合实际讲解	9

模块序号及名称	单元序号及名称	学习目标	学习内容	学习方式	参考学时
MU5 绝缘理论知识	LE13 绝缘理论知识	通过本单元的学习掌握绝缘理论的基本知识	1. 电场和电场强度 2. 放电和击穿 3. 介质和介质损耗 4. 水对不同介质的影响	讲课	7
	LE14 电缆内部绝缘问题	通过本单元的学习，掌握各种电缆的内部绝缘情况	1. 各种不同电缆中的电场 2. 不同绝缘材料的比较 3. 电场应力对绝缘的破坏和安装过程中如何减少应力的影响	结合实际讲解	10
MU6 绝缘试验	LE15 电气绝缘试验的作用和种类	通过本单元的学习，了解绝缘试验的作用和有哪些绝缘试验	1. 绝缘监督对电网的重要性 2. 电气设备绝缘试验的种类和试验方法	讲解	15
	LE16 电力电缆绝缘试验操作	通过本单元的学习，掌握安装和运行维护过程中常用的试验和原理方法	1. 绝缘电阻和吸收比试验 2. 直流耐压和泄漏电流试验及耐压对绝缘的影响 3. 绝缘油试验 4. 试验设备的使用和维护	结合实际讲解	25
	LE17 绝缘鉴定的新型试验	通过本单元的学习，了解新型试验方法	1. 在线检测试验及其意义 2. 国内外正在推广或正在研究的几种新的试验方法	讲解	4
MU7 电缆故障	LE18 电缆故障的原因和检测	通过本单元的学习，学会分析电缆故障发生的原因和查找方法	1. 电缆故障原因 2. 电缆故障的性质分类 3. 查找电缆故障的设备，仪器的使用和维护 4. 电缆故障的查找的技能	结合实际讲解	25

模块序号及名称	单元序号及名称	学习目标	学习内容	学习方式	参考学时
MU8 识绘图能力	LE19 电气接线图和波形图	通过本单元的学习，掌握各种电气接线图和波形图和识绘技能	1. 电工原理图 2. 电网网络模拟图 3. 发电厂、变电站一次接线图、架空线线路图 4. 一般动力、照明线路和简易配电装置接线图 5. 电缆试验接线图和故障查找接线图 6. 仪器设备原理图、方框图 7. 一般电子电路图 8. 电缆故障波形图	讲解	25
	LE20 电缆及附件结构图、安装图	通过本单元的学习，掌握电缆及附件的结构图和安装程序图	各种电缆及电缆附件结构图和安装程序图	结合实际讲解	24
	LE21 电缆地理位置图和敷设断面图	通过本单元的学习，掌握和绘制电缆地理位置图和敷设断面图	1. 地理图和地形图（方程和标高） 2. 绘制电缆平面走向 3. 电缆敷设断面图 （1）地下断面占用情况图 （2）电缆排列情况 （3）与其他管线的相对位置和标识	结合实际讲解	10
	LE22 一般机械制图	通过本单元的学习，掌握一般机械制图	1. 机械制图的一般原理和画法 2. 与电缆安装有关的设备的工器具的机械图 3. 线路用金具图	结合实际讲解	16
	LE23 一般土建施工图	通过本单元的学习，了解一般土建施工图的画法	1. 施工图 2. 电缆沟和隧道图 3. 排管保护 4. 土木建筑一般绘制方法	结合实际讲解	5

模块序号及名称	单元序号及名称	学习目标	学习内容	学习方式	参考学时
MU9 电缆敷设	LE24 电缆敷设的一般方法	通过本单元的学习，掌握电缆敷设的一般方法	1. 电缆敷设弯曲半径 2. 电缆高差对电缆的影响 3. 电缆敷设对其他管线和构筑物的影响 4. 电缆敷设方式：沟道、隧道、支架上、竖井内、排管直埋、水底 5. 以上几种敷设方式的选择和要求 6. 电缆敷设前的准备和敷设时的安全注意事项 7. 电缆敷设施工的几种方法：① 人力敷设方式；② 机械牵引方式；③ 人力和机械共同方式 8. 电缆的固定	结合实际讲解	20
	LE25 电缆敷设时力的计算	通过本单元的学习，掌握电缆敷设时作用力的计算	1. 力学理论 2. 电缆的允许牵引力和侧压力 3. 牵引力和侧压力的计算	结合实际讲解	10
	LE26 电缆敷设用器具和设备	通过本单元的学习，掌握电缆敷设时器具和设备的使用方法和维修	1. 电缆敷设器具和设备的使用和维修 2. 敷设时所需通信器具的使用和保养	结合实际讲解	16
	LE27 电缆敷设的施工组织	通过本单元的学习，掌握电缆敷设的施工组织	1. 一般电缆的敷设组织方法 2. 充油电缆敷设的特别性	结合实际讲解	8

模块序号及名称	单元序号及名称	学习目标	学习内容	学习方式	参考学时
MU10 电缆及附件的验收、运输和贮存	**LE28** 电缆及附件的验收、运输和贮存	通过本单元的学习，掌握电缆及附件的验收、运输及保管的一般方法	1. 到货清单及必备说明 2. 电缆运输、装卸方法和通过涵洞、桥梁的特殊处理 3. 贮存、保管的一般知识	结合实际讲解	10
MU11 油浸纸电缆安装和维护	**LE29** 35kV 及以下油浸纸强绝缘电缆的施工和线路维护技能	通过本单元的学习，掌握 35kV 及以下油浸纸绝缘电缆路端及中间接头安装工艺电缆线路维护技能	1. 10kV 及以下干包头的安装 2. 10kV 及以下各类环氧树脂终端及中间接头的安装 3. 10kV NTN 型户内终端头的安装 4. 10kV 各式鼎式电缆终端的安装 5. 倒挂式电缆头的安装 6. 10kV 电缆中间接头安装 7. 35kV 各型号终端安装 8.35kV 中间接头安装 9. 油浸纸电缆运行和维护	结合实际讲解	26
MU12 交联电缆安装和维护技能	**LE30** 35kV 及以下交联电缆终端头及中间接头的安装	通过本单元的学习，掌握 35kV 及以下交联电缆终端和中间接头安装工艺、交联电缆线路的运行和维护	1. 35kV 及以下交联热缩终端头的安装 2. 35kV 及以下交联电缆冷缩终端头的安装 3. 35kV 及以下交联电缆硅橡胶预制式终端头的安装 4. 35kV 及以下交联电缆热缩中间接头安装 5. 交联电缆的运行和维护 6. 35kV 及以下交联电缆冷缩中间接头安装 7. 35kV 及以下交联电缆硅橡胶预制式中间接头安装 8. 10kV 交联电缆插入式硅橡胶预制终端的安装	结合实际讲解	25

模块序号及名称	单元序号及名称	学习目标	学习内容	学习方式	参考学时
MU13 电缆负载能力	LE31 电力电缆的负载能力	通过本单元的学习，掌握电力电缆的负载的能力	1. 导体和导体连接对载流量的影响 2. 额定工作电流及不同电缆过载能力 3. 温度对载流量的影响	讲解	8
	LE32 电缆载流量的计算	通过本单元的学习，掌握电缆载流量的计算	1. 受诸多外界因素的影响，校正电缆实际荷载能力的计算 2. 管道内热阻的改善	讲解	6
MU14 电缆线路对电网及电缆的影响线路电气特性的测量	LE33 电缆线路对电网特性参数的影响	通过本单元的学习，了解电缆线路对电网特性参数的影响	1. 电网暂态过程 2. 电缆线路对系统参数的影响 3. 系统过电压对电缆线路的破坏作用 4. 避雷器的作用和试验	讲解	10
	LE34 电缆线路电气特性的测量	通过本单元的学习，掌握电缆线路电气特性的测量	1. 电缆线路直流电阻的测量 2. 电缆线路特性阻抗的测量 3. 电缆线路电容测量 4. 电缆线路核相技能	结合实际讲解	14
MU15 充油电缆终端和中间接头的安装	LE35 充油电缆终端和中间接头安装	通过本单元的学习，掌握充油电缆终端和中间接头安装，技能和充油电缆施工的常用工器具的使用	1. 110kV及以上充油电缆终端头的安装 2. 110kV及以上直线接头和绝缘接头的安装 3. 充油电缆施工的常用工具器 4. 充油电缆真空注油和油务工作 5. 供油系统的安装	结合实际讲解	20

模块序号及名称	单元序号及名称	学习目标	学习内容	学习方式	参考学时
MU15 充油电缆终端和中间接头的安装	**LE36** 充油电缆运行维护操作	通过本单元的学习，掌握充油电缆运行维护操作技能	1. 定期巡视 2. 供油系统的管理，油压整定和计算 3. 温度测量 4. 漏油处理	讲解	20
MU16 110kV 及以上交联电缆终端头和中间接头的安装和维护	**LE37** 110kV 以上电压交联电缆终端头和中间接头的安装	通过本单元的学习，掌握 110kV 以上电压交联乙烯终端头和中间接头的安装技能和运行维护	1. 蠕变应力消除措施 2. 110kV 及以上交联电缆终端头安装 3. 110kV 及以上交联电缆中间接头和绝缘接头的安装 4. 附件供应商提出的特殊器具的使用 5. 定期巡视，温度检测	结合实际讲解	30
MU17 电缆金属护套连接和接地	**LE38** 电缆金属护套连接及铜屏蔽连接和接地的技能	通过本单元的学习，掌握电缆金属护套连接及铜屏蔽连接和接地的技能	1. 护层过电压产生的原因 2. 金属护套连接和接地 3. 护层摇测和护层耐压 4. 接地装置和接地电阻测量 5. 金属护套感应电压、电流的测试	讲解	15
MU18 电缆线路的白蚁防治	**LE39** 电缆线路白蚁防治的一般方法	通过本单元的学习，了解电缆线路白蚁防治的一般方法	防止蚁害的几种方法	讲解	2

模块序号及名称	单元序号及名称	学习目标	学习内容	学习方式	参考学时
MU19 电力电缆防火	**LE40** 电缆防火的一般方法	通过本单元的学习，掌握电力电缆防火的一般方法	1. 封堵 2. 涂防火涂料 3. 室内外电缆沟和竖井防火应注意的问题	结合实际讲解	3
MU20 微机应用	**LE41** 微机使用和地理信息系统	通过本单元的学习，掌握微机使用的一般方法和地理信息系统的一般知识	1. 微机的基本知识 2. 视窗 98 的应用；视图 NT 的应用；绘图软件的应用 3. 地理信息系统的应用和操作	结合实际讲解	19
MU21 全面质量管理	**LE42** 全面质量管理知识	通过本单元的学习，掌握全面质量管理的技能	1. 全面质量管理的基本知识 2. 应用全面质量管理于生产实践	讲解	4
MU22 电缆竣工资料	**LE43** 电缆竣工资料的收集和整理	通过本单元的学习，电缆竣工资料的收集和整理	电缆竣工资料的收集和整理	讲解	4

表2

职业技能模块及学习单元对照选择表

模块	MU1	MU2	MU3	MU4	MU5	MU6	MU7	MU8	MU9	MU10	MU11
内容	电力电缆安装及人员检查职业道德	安全生产和安全防护	电缆基本知识	电缆工的基本操作	绝缘理论知识	绝缘试验	电缆故障	识绘图能力	电缆敷设	电缆附件验收、运输及贮存	油浸电缆安装和维护
参考学时	2	14	13	80	17	44	25	80	54	10	26
适用等级	初级 中级 高级 技师	初级 中级 高级 技师	初级 中级	初级 中级 高级 技师	初级 中级 高级 技师	初级 中级 高级 技师	初级 中级 高级 技师	初级 中级 高级 技师	初级 中级 高级 技师	初级 中级 高级 技师	初级 中级 高级 技师
学习单元LE序号选择 初级	1	2, 3	4, 5	6～12	13, 14	15～17	18	19～23	24～26	28	29
中级	1	2, 3	4, 5	6～12	13, 14	15～17	18	19～23	24～26	28	29
高级	1	2			13, 14	15～17	18	19～22	24～27	28	29
技师	1	2			13, 14	15～17	18	19～22	25～27	28	29

14

模块	MU12	MU13	MU14	MU15	MU16	MU17	MU18	MU19	MU20	MU21	MU22
内容	交联电缆安装和维护	电缆负载能力	电缆和电缆线路及电网电气特性的测量	无油电缆终端头和中间接头的安装和运行维护	110kV及以上交联电缆终端头和中间接头的安装和运行维护	电缆金属套连接和接地	电缆线路白蚁防治	电力电缆防火	微机应用	全面质量管理	电缆工竣资料
参考学时	25	14	24	40	30	15	2	3	19	4	4
适用等级	初级 中级 高级	初级 中级 高级 技师	高级 技师 高技	初级 中级 高级 技师	初级 中级 高级 技师	初级 中级 高级 技师	初级 中级	初级 中级 高级	初级 中级 高级 技师	初级 中级 高级 技师	初级 中级 高级 技师
学习单元 LE 序号选择 — 初级	30	31~32		35, 36	37	38	39	40	41	42	43
中级	30	31~32		35, 36	37	38	39	40	41	42	43
高级	30	31~32	33, 34	35, 36	37	38		40	41	42	43
技师		31~32	33, 34	35, 36	37	38		40	41	42	43

表3 　　　　　　　　　学习单元名称表

单元序号	单 元 名 称	单元序号	单 元 名 称
LE1	电力电缆工职业道德	LE23	一般土建施工图
LE2	熟悉《安全工作规程》	LE24	电缆敷设的一般方法
LE3	触电紧急救护	LE25	电缆敷设时力的计算
LE4	电缆的现状和发展	LE26	电缆敷设用器具和设备
LE5	电缆种类和型号	LE27	电缆敷设的施工组织
LE6	电工基本操作	LE28	电缆及附件的验收、运输和贮存
LE7	电缆基本操作	LE29	35kV 及以下油浸纸电缆施工和线路运行维护
LE8	火器的使用	LE30	35kV 及以下交联电缆施工和线路运行维护
LE9	烧、熬、灌操作	LE31	电力电缆负载能力
LE10	钳工基本操作	LE32	电缆载流量计算
LE11	线路电工的基本操作	LE33	电缆线路对电网特性参数的影响
LE12	起重工的基本操作	LE34	电缆线路电气特性的测量
LE13	绝缘电论知识	LE35	充油电缆终端和中间接头安装
LE14	电缆内部绝缘问题	LE36	充油电缆运行维护操作
LE15	电气绝缘试验的作用和种类	LE37	110kV 以上交联电缆终端和中间接头的安装和维护
LE16	电力电缆绝缘试验操作	LE38	电缆金属护套连接和接地
LE17	绝缘鉴定的新型试验	LE39	电缆线路白蚁防治的一般方法
LE18	电缆故障的原因和检测	LE40	电缆防火的一般方法
LE19	电气接线图和波形图	LE41	微机使用和地理信息系统
LE20	电缆及附件结构图、安装图	LE42	全面质量管理知识
LE21	电缆地理位置图和敷设断面图	LE43	电缆竣工资料的收集和整理
LE22	一般机械制图		

3 职业技能鉴定

3.1 鉴定要求

鉴定内容和考核双向细目表按照本职业（工种）《中华人民共和国职业技能鉴定规范·电力行业》执行。

3.2 考评人员

考评人员是在规定的工种（职业）、等级和类别范围内，依据国家职业技能鉴定规范和国家职业技能鉴定试题库电力行业分库试题，对职业技能鉴定对象进行考核、评审工作的人员。

考评人员分考评员和高级考评员。考评员可承担初、中、高级技能等级鉴定；高级考评员可承担初、中、高级技能等级和技师、高级技师资格考评。其任职条件是：

3.2.1 考评员必须具有高级工、技师或者中级专业技术职务以上的资格，具有15年以上本工种专业工龄；高级考评员必须具有高级技师或者高级专业技术职务的资格，取得考评员资格并具有1年以上实际考评工作经历。

3.2.2 掌握必要的职业技能鉴定理论、技术和方法，熟悉职业技能鉴定的有关法律、法规和政策，有从事职业技术培训、考核的经历。

3.2.3 具有良好的职业道德，秉公办事，自觉遵守职业技术鉴定考评人员守则和有关规章制度。

鉴定试题库

4

4.1 理论知识（含技能笔试）试题

4.1.1 选择题

La5A1001 把长度一定的导线的直径减为原来的一半，其电阻值为原来（C）。

（A）2 倍；（B）1/2 倍；（C）4 倍；（D）1/4 倍。

La5A1002 按正弦规律变化的交流电的三个要素是（C）。

（A）电压值、电流值、频率；（B）最大值、角频率、相位；（C）最大值、角频率、初相角；（D）有效值、频率、相位。

La5A1003 电流表、电压表应分别（A）在被测回路中。

（A）串联、并联；（B）串联、串联；（C）并联、串联；（D）并联、并联。

La5A2004 全电路欧姆定律的数学表达式是（D）。

（A）$I=R/(E+R_0)$；（B）$I=R_0/(E+R)$；（C）$I=E/R$；（D）$I=E/(R_0+R)$。

La5A2005 已知某节点 A，流入该节点电流为 10A，则流出该节点电流为（C）。

（A）0A；（B）5A；（C）10A；（D）不能确定。

21

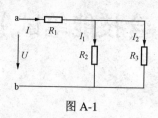

图 A-1

La5A2006　如图 **A-1** 所示电路中 R_{ab} 的值为（**B**）。

（A）$R_1+R_2+R_3$；

（B）$R_1+R_2\times R_3/（R_2+R_3）$；

（C）$R_3+R_1\times R_2/（R_1+R_2）$；

（D）$R_2+R_1\times R_3/（R_1+R_3）$。

La5A3007　将一个 **100W** 的白炽灯泡分别接入 **220V** 交流电源上或 **220V** 直流电源上，灯泡的亮度（**B**）。

（A）前者比后者亮；（B）一样亮；（C）后者比前者亮；（D）不能确定。

La5A4008　有两个带电量不相等的点电荷 Q_1、Q_2（$Q_1>Q_2$），它们相互作用时，Q_1、Q_2 受到的作用力分别为 F_1、F_2，则（**C**）。

（A）$F_1>F_2$；（B）$F_1<F_2$；（C）$F_1=F_2$；（D）无法确定。

Lb5A1009　电力电缆的功能主要是传送和分配大功率（**B**）。

（A）电流；（B）电能；（C）电压；（D）电势。

Lb5A1010　电力电缆的基本构造主要由线芯导体、（**C**）和保护层组成。

（A）衬垫层；（B）填充层；（C）绝缘层；（D）屏蔽层。

Lb5A1011　电缆常用的高分子材料中，（**D**）字母表示交联聚乙烯。

（A）V；（B）Y；（C）YJ；（D）YJV。

Lb5A1012　电力电缆的电容大，有利于提高电力系统的（**B**）。

（A）线路电压；（B）功率因数；（C）传输电流；（D）传输容量。

Lb5A1013 电力电缆外护层结构，用裸钢带铠装时，其型号脚注数字用（**C**）表示。

（A）2；（B）12；（C）20；（D）30。

Lb5A1014 交联聚乙烯铠装电缆最小曲率半径为（**B**）电缆外径。

（A）10倍；（B）15倍；（C）20倍；（D）25倍。

Lb5A1015 绝缘的机械性能高，主要是指其（**D**）。

（A）绝缘的机械强度高；（B）耐热性能好；（C）耐压高；（D）耐受的电场强度高。

Lb5A1016 聚氯乙烯绝缘电力电缆的弯曲半径不小于（**B**）电缆外径。

（A）5倍；（B）10倍；（C）15倍；（D）20倍。

Lb5A1017 塑料绝缘电力电缆最低允许敷设温度为（**A**）℃，否则应采取措施将电缆预热。

（A）0；（B）–7；（C）–10；（D）–20。

Lb5A1018 一根电缆管允许穿入（**D**）电力电缆。

（A）4根；（B）3根；（C）两根；（D）一根。

Lb5A1019 交联聚乙烯绝缘型电缆主要适用于（**D**）电压等级电缆。

（A）高；（B）中；（C）低；（D）高、中、低。

Lb5A1020 以下哪种不属于塑料绝缘类电力电缆（**C**）。

（A）聚氯乙烯绝缘；（B）聚乙烯绝缘；（C）硅橡胶绝缘；（D）交联聚乙烯绝缘。

Lb5A2021 70mm^2 的低压四芯电力电缆的中性线标称截面积为（**C**）。

（A）10mm^2；（B）16mm^2；（C）25mm^2；（D）35mm^2。

Lb5A2022 电缆导线截面积的选择是根据（**D**）进行的。

（A）额定电流；（B）传输容量；（C）短路容量；（D）传输容量及短路容量。

Lb5A2023 将三芯电缆做成扇形是为了（**B**）。

（A）均匀电场；（B）缩小外径；（C）加强电缆散热；（D）节省材料。

Lb5A2024 一般铝金属的电力设备接头过热后，其颜色（**C**）。

（A）呈红色；（B）呈黑色；（C）呈灰色；（D）不变色。

Lb5A2025 电缆管内径不应小于电缆外径的 1.5 倍，水泥管、陶土管、石棉水泥管，其内径不应小于（**D**）。

（A）70mm；（B）80mm；（C）90mm；（D）100mm。

Lb5A2026 铅护套的弯曲性能比铝护套的（**A**）。

（A）强；（B）弱；（C）相同；（D）略同。

Lb5A2027 当前低压电力电缆基本选用（**B**）绝缘的电缆。

（A）橡胶；（B）聚氯乙烯；（C）交联聚乙烯；（D）聚乙烯。

Lb5A2028 电缆用绝缘材料一般分为（A）两大类。

（A）均匀质和纤维质；（B）均匀质和木质；（C）纤维质和橡胶质；（D）木质和橡胶质。

Lb5A2029 电缆线路的电容比同级电压、同等长度架空线路的电容（C）。

（A）小；（B）相同；（C）大；（D）不一定。

Lb5A2030 铠装主要用以减少（C）对电缆的影响。

（A）综合力；（B）电磁力；（C）机械力；（D）摩擦力。

Lb5A2031 直埋电缆应埋设于冻土层（B）。

（A）以上；（B）以下；（C）内；（D）任意处。

Lb5A2032 当空气中的相对湿度较大时，会使绝缘（B）。

（A）上升；（B）下降；（C）略上升；（D）不稳定。

Lb5A3033 在交流电压下,电缆绝缘层中电场分布是按绝缘材料的（C）成反比分配的。

（A）电阻率；（B）电导率；（C）介电常数；（D）杂质含量。

Lb5A3034 制作 10kV 冷缩电缆头时，在护套上口 90mm 处的铜屏蔽带上，分别安装接地（D），并将三相电缆的铜屏蔽带一同搭在铠装上。

（A）恒力弹簧；（B）铜线；（C）铜网；（D）铜环。

Lb5A3035 电力电缆的额定电压以 U_0/U（U_m）表示，其中 U 为电力系统额定线电压，U_m 为最高工作电压。在 220kV 及以下系统中，U_m=（C）U。

（A）1.05；（B）1.10；（C）1.15；（D）1.20。

Lb5A3036 两边通道有支架的电缆隧道，通道最小为（**A**）。

（A）1m；（B）1.2m；（C）1.3m；（D）1.4m。

Lb5A4037 金属性接地故障是指接地电阻小于（**A**）的故障。

（A）10Ω；（B）5Ω；（C）2Ω；（D）1Ω。

Lc5A1038 英制长度基本单位为（**A**）。

（A）in；（B）ft；（C）英分；（D）英丝。

Lc5A1039 锯条锯齿的粗细是以锯条的（**B**）mm 长度里齿数来表示的。

（A）20；（B）25；（C）30；（D）50。

Lc5A1040 力是矢量，因此力具备的必要条件是（**C**）。

（A）大小；（B）方向；（C）大小和方向；（D）大小和作用点。

Lc5A2041 英制长度单位与法定长度单位之间的关系是 1in=（**A**）mm。

（A）25.4；（B）25；（C）24.5；（D）24.4。

Lc5A2042 基准就是工件上用来确定其他点线面位置的（**A**）。

（A）依据；（B）中心；（C）尺寸；（D）中心和尺寸。

Lc5A2043 Windows 中的主群（Main）中，含有程序项（**A**），可用于调整系统配置。

（A）控制面板；（B）文件管理器；（C）自述文件；（D）剪

贴板查看程序。

Lc5A3044 质量管理小组要做到"五有"是指（**A**）。

（A）有登记、有课题、有目标、有活动、有效果；（B）有计划、有布置、有检查、有总结、有奖惩；（C）有组织、有分工、有设备、有材料、有经费；（D）有组织、有计划、有材料、有总结、有奖惩。

Lc5A4045 在选择钢丝绳安全系数时，应按（**B**）原则选用。

（A）重物重量；（B）安全、经济；（C）经济；（D）安全。

Jd5A1046 使用兆欧表测量线路的绝缘电阻，应采用（**C**）。

（A）护套线；（B）软导线；（C）屏蔽线；（D）硬导线。

Jd5A1047 电缆敷设时，在终端头与接头附近可留有备用长度。直埋电缆应在全长上留有小量的裕度，并作（**C**）敷设。

（A）S形；（B）三角形；（C）波浪形；（D）环形。

Jd5A1048 电缆导体连接处的电阻要求小而稳定，包括连接金具在内的一定长度试样的电阻应不大于相同长度电缆导体的电阻。经运行后，连接处电阻与相同长度导体电阻之比值应不大于（**C**）。

（A）1.5；（B）1.3；（C）1.2；（D）1.1。

Jd5A1049 使用兆欧表测量绝缘电阻，正常摇测转速为（**B**）r/min。

（A）90；（B）120；（C）150；（D）180。

Jd5A2050 均匀介质电缆的最大场强出现在（C）。

（A）绝缘中心；（B）绝缘外表面；（C）线芯表面；（D）绝缘内屏蔽层内表面。

Jd5A2051 电缆护套感应电压与电缆长度成（A）关系。

（A）正比；（B）反比；（C）平方；（D）立方。

Jd5A2052 对护套有绝缘要求的电缆线路，其绝缘电阻的测试应（C）一次。

（A）三个月；（B）半年；（C）一年；（D）一年半。

Jd5A20536 10kV 电力电缆绝缘电阻应不低于（A）MΩ。

（A）200；（B）300；（C）400；（D）500。

Jd5A3054 剥切梯步时，半导体屏蔽纸应（C）。

（A）不剥除；（B）全剥除；（C）剥至破铅口 5mm；（D）随意剥。

Jd5A4055 制作冷收缩型中间接头时，安装屏蔽铜网过桥线及铜带跨接线，通常采用（B）固定。

（A）铜环；（B）恒力弹簧；（C）绝缘胶带；（D）防水胶带。

Je5A1056 兆欧表又称（A）。

（A）摇表；（B）欧姆表；（C）电阻表；（D）绝缘表。

Je5A1057 万用表又称（A）。

（A）万能表；（B）电流表；（C）电阻表；（D）电工电表。

Je5A1058 在使用兆欧表测试前必须（A）。

（A）切断被测设备电源；（B）对设备带电测试；（C）无论设备带电否均可测；（D）配合仪表带电测量。

Je5A1059 交流电缆线芯的 A、B、C 相色分别为（C）色。

（A）红、黄、绿；（B）绿、红、黄；（C）黄、绿、红；（D）黑、红、绿。

Je5A1060 35kV 单芯交联聚乙烯绝缘电力电缆线芯的导体形状为（B）。

（A）扇形；（B）圆形；（C）椭圆形；（D）矩形。

Je5A1061 直流电缆线芯的正极颜色为（B）色。

（A）红；（B）赭；（C）白；（D）蓝。

Je5A1062 不接地中性线的颜色为（C）色。

（A）黑；（B）白；（C）紫；（D）蓝。

Je5A1063 在相同导线截面、相同环境温度时，交联聚乙烯绝缘电力电缆比充油电缆载流量（A）。

（A）大；（B）小；（C）相同；（D）不一定。

Je5A1064 电缆导体截面积越大（或直径越粗）其电阻则（A）。

（A）越小；（B）越大；（C）不确定；（D）相等。

Je5A1065 测量 1kV 以下电缆的绝缘电阻，应使用（D）兆欧表。

（A）500V；（B）1000V；（C）2500V；（D）500 或 1000V。

Je5A1066　35kV 以上的电缆敷设前，应用（**D**）兆欧表测量其绝缘电阻。

（A）500V；（B）1000V；（C）2500V；（D）5000V。

Je5A1067　110～220kV 单芯交联聚乙烯绝缘电力电缆结构中，导体外层最先为（**B**）。

（A）绝缘层；（B）内屏蔽；（C）铜丝屏蔽；（D）外屏蔽。

Je5A1068　双臂电桥测量仪，可以用于电缆线芯导体的（**C**）测量。

（A）电压；（B）电流；（C）电阻；（D）电容。

Je5A1069　阻燃电缆在电缆绝缘或护层中添加（**B**），即使在明火烧烤下，电缆也不会燃烧。

（A）耐火材料；（B）阻燃剂；（C）灭火材料；（D）助燃剂。

Je5A2070　交联聚乙烯绝缘电力电缆的正常工作温度可以达到（**C**）℃。

（A）60；（B）70；（C）90；（D）100。

Je5A2071　电缆盘在地面上滚动时，滚动的方向应（**B**）。

（A）逆着电缆的缠紧方向；（B）顺着电缆的缠紧方向；（C）两侧方向均可以；（D）不允许滚动。

Je5A2072　热熔胶是与热收缩电缆材料配套使用的、加热熔融的胶状物，它在热收缩电缆终端和接头中起（**B**）作用。

（A）应力驱散；（B）密封防潮；（C）耐油；（D）填充空隙。

Je5A2073　单芯电缆金属护套实行交叉互联接地方式时，屏蔽层电压限制器（即护层保护器）一般安装在（**A**）位置。

（A）绝缘接头；（B）塞止接头；（C）直通接头；（D）终端。

Je5A2074　大面积铝芯电缆导体的焊接方法是采用（**B**）法。

（A）烙铁焊接；（B）氩弧焊接；（C）焊枪焊接；（D）浇锡焊接。

Je5A2075　采用三点式的点压方法压接电缆线芯，其压制次序为（**B**）。

（A）先中间后两边；（B）先两边后中间；（C）从左至右；（D）任意进行。

Je5A2076　安装电缆出线梗的截面积应不小于电缆线芯截面积的（**B**）。

（A）1 倍；（B）1.5 倍；（C）2 倍；（D）2.5 倍。

Je5A2077　三相系统中使用的单芯电缆，应组成紧贴的正三角形排列（充油电缆及水底电缆可除外），并且每隔（**B**）应用绑扎带扎牢。

（A）0.5m；（B）1m；（C）1.5m；（D）2m。

Je5A2078　锯钢铠工作是在已剥除外护层后进行的，在离破塑口（**D**）处扎绑线，在绑线处将钢铠锯掉。

（A）5mm；（B）10mm；（C）15mm；（D）20mm。

Je5A2079　交联电缆头焊接地线工艺，是将 $25mm^2$ 的多股软铜线分 3 股，在每相铜屏蔽上绕（**C**）扎紧后焊牢。

（A）1 圈；（B）2 圈；（C）3 圈；（D）4 圈。

Je5A2080 电缆头制作中，包应力锥是用自粘胶带从距手指套口 **20mm** 处开始包锥，锥长 **140mm**，在锥的一半处，最大直径为绝缘外径加（**C**）。

（A）5mm；（B）10mm；（C）15mm；（D）20mm。

Je5A2081 制作热缩电缆头，在将三指手套套入根部加热工作前，应在三叉口根部绕包填充胶，使其最大直径大于电缆外径（**C**）。

（A）5mm；（B）10mm；（C）15mm；（D）20mm。

Je5A2082 圆钢电缆支架长度一般不超过（**B**）。

（A）200mm；（B）350mm；（C）500mm；（D）800mm。

Je5A2083 在进行电力电缆试验时，在（**D**）应测量绝缘电阻。

（A）耐压前；（B）耐压后；（C）任意时刻；（D）耐压前后。

Je5A2084 预热电缆可用电流通过电缆线芯导体加热，加热电流（**B**）电缆的额定电流。

（A）大于；（B）小于；（C）等于；（D）无规定。

Je5A3085 停电超过一个月但不满一年的电缆线路，必须作（**A**）规定试验电压值的直流耐压试验，加压时间 **1min**。

（A）50%；（B）60%；（C）80%；（D）100%。

Je5A3086 停电超过一年的电缆线路，必须做常规的（**B**）试验。

（A）交流耐压；（B）直流耐压；（C）绝缘；（D）泄漏电流。

Je5A3087 电缆终端头接地线必须（A）穿过零序电流互感器，接地线应采用（A）。

（A）自上而下　绝缘导线；（B）自上而下　裸导线；（C）自下而上　绝缘导线；（D）自下而上　裸导线。

Je5A3088 电缆支架应安装牢固，横平竖直。各电缆支架的同层横档应在同一水平面上，其高低偏差不应大于（A）。

（A）±5mm；（B）±6mm；（C）±8mm；（D）±10mm。

Je5A4089 在有坡度的电缆沟内或建筑物上安装的电缆支架应有与电缆沟或建筑物（B）的坡度。

（A）不同；（B）相同；（C）水平；（D）水平或垂直。

Je5A4090 用机械敷设铜芯电缆时，用牵引头牵引的强度不宜大于允许牵引强度（A）kg/mm²。

（A）7；（B）8；（C）9；（D）10。

Je5A4091 电缆在非终端情况下，电场（A）。

（A）均匀分布，只有径向分量，没有轴向分量；（B）均匀分布，只有轴向分量，没有径向分量；（C）均匀分布，既有径向分量，又有轴向分量；（D）不均匀分布，既有径向分量，又有轴向分量。

Jf5A1092 利用滚动法搬运设备时放置滚杠数量有一定的要求，如滚杠较少，所需牵引力（A）。

（A）增加；（B）减少；（C）一样；（D）不能确定。

Jf5A1093　使用电动砂轮机时，应站在砂轮机的（**A**）位置。

（A）侧面或斜面；（B）前面；（C）后面；（D）只要方便操作，那个位置都可以。

Jf5A1094　校平中间凸起的薄板料时，需对四周进行锤击，使其产生（**B**）。

（A）收缩；（B）延展；（C）变形；（D）上述三项都不对。

Jf5A2095　Windows 的任务列表主要可用于（**B**）。

（A）启动应用程序；（B）切换当前应用程序；（C）修改程序项的属性；（D）修改程序组的属性。

Jf5A2096　棒料弯曲后一般采用（**D**）法进行矫正。

（A）拍压；（B）延展；（C）板正；（D）锤击。

Jf5A2097　用手锯锯割时，其起锯角不能超过（**A**）。

（A）15°；（B）25°；（C）35°；（D）45°。

Jf5A3098　绘图时不可见轮廓线一般用（**C**）表示。

（A）粗实线；（B）细实线；（C）虚线；（D）点划线。

Jf5A3099　起重工作中常用的千斤顶有（**D**）。

（A）螺旋千斤顶；（B）液压千斤顶；（C）齿条式千斤顶；（D）以上三种都是。

Jf5A4100　平面锉削一般有（**D**）。

（A）交叉锉削法；（B）顺向锉削法；（C）推锉法；（D）以上三种都是。

La4A1101 在纯电容单相交流电路中，电压（**B**）电流。

（A）超前；（B）滞后；（C）既不超前也不滞后；（D）相反 180°。

La4A1102 在纯电感单相交流电路中，电压（**A**）电流。

（A）超前；（B）滞后；（C）既不超前也不滞后；（D）相反 180°。

La4A2103 在纯电阻电路中，电阻两端的电压为 $U=U_m\sin\omega t$（V），那么，通过电阻的电流为（**D**）。

（A）$i=U_m\sin\omega t$（A）；（B）$i=\dfrac{U_m}{R}\sin\left(\omega t+\dfrac{\pi}{2}\right)$（A）；（C）$i=U_m R\sin\omega t$（A）；（D）$i=\dfrac{U_m}{R}\sin\omega t$（A）。

La4A2104 常用电压互感器、电流互感器二次侧电压和二次侧电流额定值一般为（**B**）。

（A）5V、1A；（B）100V、5A；（C）50V、5A；（D）100V、10A。

La4A2105 下列物质中，属于半导体的是（**C**）。

（A）镍；（B）锰；（C）锗；（D）石英。

La4A3106 常用变压器油有 10、25 和 45 三种，分别代表（**B**）。

（A）在 2.5mm 间隙中的耐压值，即 10kV、25kV、45kV；（B）油的凝固点为 -10℃、-25℃、-45℃；（C）油的使用环境温度不能超过 10℃、25℃、45℃；（D）以上说法都不对。

La4A3107 在复杂的电路中，计算某一支路电流用（**A**）

方法比较简单。

（A）支路电流法；（B）叠加原理法；（C）等效电源原理；
（D）线性电路原理。

La4A4108 叠加原理可用于线性电路计算，并可算出
（A）。

（A）电流值与电压值；（B）感抗值；（C）功率值；（D）容
抗值。

Lb4A1109 阻燃、交联聚乙烯绝缘、铜芯、聚氯乙烯内护
套、钢带铠装、聚氯乙烯外护套电力电缆的型号用**（B）**表示。

（A）ZR-VV22；（B）ZR-YJV22；（C）ZR-YJV23；（D）ZR-
YJV33。

Lb4A1110 铜芯交联聚乙烯绝缘，聚乙烯护套，内钢带铠
装电力电缆的型号用**（C）**表示。

（A）YJLV；（B）YJV30；（C）YJV29；（D）YJV20。

Lb4A1111 敷设电缆时在终端头和中间头附近，应留有
（B）m 的备用长度。

（A）0.5～1.5；（B）1.0～1.5；（C）1.5～2.0；（D）2.0～
2.5。

Lb4A1112 电缆线芯导体的连接，其接触电阻不应大于同
长度电缆电阻值的**（A）**。

（A）1.2 倍；（B）1.5 倍；（C）2.2 倍；（D）2.5 倍。

Lb4A1113 电缆接头的抗拉强度，一般不得低于电缆强度
的**（B）**以抵御可能遭到的机械应力。

（A）50%；（B）60%；（C）70%；（D）80%。

Lb4A1114 电缆线路的中间压接头，其短路时的允许温度为（**A**）。

（A）120℃；（B）130℃；（C）140℃；（D）150℃。

Lb4A2115 对于有些安全性要求较高的电气装置配电线路，以及有些既要保证电气安全，又要抗干扰接地的通信中心和自动化设备，要求把中性线与地线分开，这样就出现了（**C**）电缆。

（A）三芯；（B）四芯；（C）五芯；（D）六芯。

Lb4A2116 电缆钢丝铠装层主要的作用是（**B**）。
（A）抗压；（B）抗拉；（C）抗弯；（D）抗腐。

Lb4A2117 电缆腐蚀一般是指电缆金属（**B**）或铝套的腐蚀。
（A）线芯导体；（B）铅护套；（C）钢带；（D）接地线。

Lb4A2118 电缆敷设与树木主杆的距离一般不小于（**C**）。
（A）0.5m；（B）0.6m；（C）0.7m；（D）0.8m。

Lb4A2119 在低温下敷设电缆应予先加热，10kV 电压等级的电缆加热后其表面温度不能超过（**A**）。
（A）35℃；（B）40℃；（C）45℃；（D）50℃。

Jb4A2120 铁路、公路平行敷设的电缆管，距路轨或路基应保持（**D**）远。
（A）1.5m；（B）2.0m；（C）2.5m；（D）3.0m。

Lb4A2021 直埋敷设的电力电缆，埋深度不得小于700mm，电缆的上下应各填不少于（**D**）的细沙。

（A）70mm；（B）80mm；（C）90mm；（D）100mm。

Lb4A2122 从电缆沟道引至电杆或者外敷设的电缆距地面（**C**）高及埋入地下 **0.25m** 深的一段需加穿管保护。

（A）1.5m；（B）2.0m；（C）2.5m；（D）3.0m。

Lb4A2123 电缆两芯或三芯之间发生绝缘击穿的故障，称为（**D**）故障。

（A）断线；（B）闪络；（C）接地；（D）短路。

Lb4A2124 电缆在保管期间，应每（**A**）检查一次木盘的完整和封端的严密等。

（A）3个月；（B）6个月；（C）9个月；（D）1年。

Lb4A2125 NH-VV22 型号电力电缆中 NH 表示（**B**）。

（A）阻燃；（B）耐火；（C）隔氧阻燃；（D）低卤。

Lb4A2126 电缆的几何尺寸主要根据电缆（**A**）决定的。

（A）传输容量；（B）敷设条件；（C）散热条件；（D）容许温升。

Lb4A2127 VV43 型号电力电缆中 4 表示（**D**）。

（A）外护层为无铠装；（B）外护层为钢带铠装；（C）外护层为细钢丝铠装；（D）外护层为粗钢丝铠装。

Lb4A3128 电缆的绝缘电阻与电缆材料的电阻系数和电缆的结构尺寸有关，其测量值主要与电缆（**D**）有关。

（A）型号；（B）截面；（C）长度；（D）湿度。

Lb4A3129 敷设在混凝土管、陶土管、石棉水泥管内的电缆，宜选用（B）电缆。

（A）麻皮护套；（B）塑料护套；（C）裸铅包；（D）橡皮护套。

Lb4A3130 在坠落高度基准面（C）及以上有可能坠落的高处作业称为高空作业。

（A）1.5m；（B）1.8m；（C）2m；（D）2.5m。

Lb4A3131 35kV 交联聚乙烯电缆的长期允许工作温度是（C）。

（A）70℃；（B）75℃；（C）80℃；（D）85℃。

Lb4A3132 在桥梁上敷设电缆，为了使电缆不因桥梁的振动而缩短使用寿命，应选用（C）绝缘电缆。

（A）油浸纸；（B）橡皮；（C）塑料；（D）PVC。

Lb4A3133 电缆线路上所使用的电缆附件，均应符合国家或部颁的（A）并有合格证件。

（A）现引技术标准；（B）质量标准；（C）产品标准；（D）安全标准。

Lb4A3134 预制电缆附件主要适用于（B）kV 及以上的高压电缆和超高压电缆。

（A）35；（B）66；（C）110；（D）220。

Lb4A4135 110kV 及以上的直埋电缆，当表面温度超过（C）℃时，应采取降低负荷电流或改善回填土的散热性能等措施。

（A）30；（B）40；（C）50；（D）60。

Lb4A4136 应力锥接地屏蔽段纵切面的轮廓线，理论上讲，应是（**C**）曲线。

（A）正弦；（B）余弦；（C）复对数；（D）对数。

Lb4A4137 （**D**）中包括路面上所有永久的建筑物，如大楼、人井、界石、消防龙头、铁塔等。

（A）网络图；（B）电缆线路索引卡；（C）电缆网络系统接线图；（D）电缆线路图。

Lc4A1138 在金属容器、坑阱、沟道内或潮湿地方工作用的行灯电压不大于（**A**）。

（A）12V；（B）24V；（C）36V；（D）48V。

Lc4A1139 接地兆欧表可用来测量电气设备的（**C**）。

（A）接地回路；（B）接地电压；（C）接地电阻；（D）接地电流。

Lc4A2140 质量检验工作的职能是（**D**）。

（A）保证职能；（B）预防职能；（C）报告职能；（D）以上三者都是。

Lc4A2141 标在仪表刻度盘上的各种注字和符号都代表一定的意思，其中"∩"代表（**B**）。

（A）电磁系仪表；（B）磁电系仪表；（C）电动系仪表；（D）感应系仪表。

Lc4A2142 全面质量管理的基本方法是（**C**）。

（A）PACD 循环法；（B）ACPD 循环法；（C）PDCA 循环法；（D）PCDA 循环法。

Lc4A3143 在 Windows95 中，被删除的程序一般首先放入（C）。

（A）剪贴板；（B）我的电脑；（C）回收站；（D）资源管理器。

Lc4A3144 粗锉刀适用于锉削（B）。

（A）硬材料或狭窄的平面工件；（B）软材料或加工余量大，精度等级低的工件；（C）硬材料或加工余量小，精度等级高的工件；（D）软材料或加工余量小，精度等级高的工件。

Lc4A4145 在高压设备上工作，保证安全的组织措施有（C）。

（A）工作票制度、工作许可制度；（B）工作票制度、工作许可制度、工作监护制度；（C）工作票制度、工作许可制度、工作监护制度、工作间断、转移和终结制度；（D）工作票制度、工作许可制度、工作间断、转移和终结制度。

Jd4A1146 电缆在封焊地线时，点焊的大小为长 15～20mm、宽（C）左右的椭圆形。

（A）10mm；（B）15mm；（C）20mm；（D）25mm。

Jd4A1147 电力电缆截面积在（C）以上的线芯必须用接线端子或接线管连接。

（A）10mm^2；（B）16mm^2；（C）25mm^2；（D）35mm^2。

Jd4A2148 安装电力电缆支架的水平距是 1m，垂直距离是（C）。

（A）1.0m；（B）1.5m；（C）2.0m；（D）2.5m。

Jd4A2149 电缆房内电缆设备清洁周期为（B）。

（A）每年两次；（B）每年一次；（C）两年一次；（D）三年一次。

Jd4A2150 焊接时，接头根部未完全熔透的现象称为（**B**）。
（A）未熔合；（B）未焊透；（C）未焊满；（D）未焊平。

Jd4A2151 相同截面的铝导体与铜导体连接如无合适铜铝过渡端子时，可采用（**C**）连接。
（A）铝管；（B）铜管；（C）镀锡铜管；（D）绑扎丝。

Jd4A2152 对于被挖掘而全部露出的电缆应加护罩并悬吊，吊间的距离应不大于（**A**）。
（A）1.5m；（B）1.8m；（C）2.2m；（D）2.5m。

Jd4A3153 在一般情况下，当电缆根数少，且敷设距离较长时，宜采用（**A**）敷设法。
（A）直埋；（B）隧道；（C）电缆沟；（D）架空。

Jd4A3154 在事故状况下，电缆允许短时间地过负荷，如6～10kV电缆，允许过负荷15%，但连续时间不得超过（**C**）h。
（A）1；（B）1.5；（C）2；（D）4。

Jd4A4155 对于聚乙烯和交联聚乙烯电缆采用模塑法密封时，在增绕绝缘层的内外各包2～3层未硫化的乙丙橡胶带，再夹上模具加热到（**C**）℃，保持30～45min。
（A）120～130；（B）140～150；（C）160～170；（D）180～190。

Je4A1156 遇到带电电气设备着火时，应使用（**C**）进行灭火。
（A）泡沫灭火器；（B）沙子；（C）干粉灭火器；（D）水。

Jf4A1157 电焊机的外壳必须可靠接地，接地电阻不得大于（**C**）Ω。

（A）10；（B）5；（C）4；（D）1。

Je4A1158 为了（**B**），国际上一些发达国家开始限制 PVC 电缆的生产和使用。

（A）经济原因；（B）保护生态环境；（C）使用功能原因；（D）原材料原因。

Je4A1159 电缆热收缩材料的收缩温度应是（**B**）。

（A）100～120℃；（B）120～140℃；（C）140～160℃；（D）160～180℃。

Je4A1160 开挖直埋电缆沟前，只有确知无地下管线时，才允许用机械开挖，机械挖沟应距离运行电缆（**C**）以外。

（A）0.8m；（B）1m；（C）2m；（D）3m。

Je4A1161 电缆热缩材料绝缘管的长度一般为（**B**）mm。
（A）500；（B）600；（C）700；（D）800。

Je4A1162 （**B**）主要用于大长度电缆线路各相电缆金属护套的交叉换位互联接地，以减小电缆金属护套的感应电压。

（A）直线接头；（B）绝缘接头；（C）过渡接头；（D）塞止接头。

Je4A2163 三相四线制的电力电缆，中性线的截面积应达到主线截面积的（**B**）。

（A）10%～20%；（B）30%～60%；（C）40%～50%；（D）70%～80%。

Je4A2164 悬吊架设的电缆与桥梁构架间应有不小于（**A**）m 的净距，以免影响桥梁的维修作业。

（A）0.5；（B）1；（C）2；（D）3。

Je4A2165 电缆隧道内要保持干燥，因此应设置适当数量的蓄水坑，一般每隔（**B**）左右设一个蓄水坑，使水及时排出。

（A）30m；（B）50m；（C）70m；（D）90m。

Je4A2166 装配绝缘支柱和底座，应用螺栓将绝缘支柱固定在终端支架和底支架间，在直径相对位置上均匀拧紧螺栓，力矩控制在（**C**）N·m。

（A）5～15；（B）15～25；（C）25～35；（D）35～45。

Je4A2167 聚氯乙烯绝缘的电缆线路无中间接头时，允许短时的最高温度为（**B**）℃。

（A）100；（B）120；（C）150；（D）200。

Je4A2168 桥架安装时，直线段铝合金桥架超过（**B**）m 时应加装补偿装置。

（A）10；（B）15；（C）20；（D）25。

Je4A2169 目前电缆护套的保护，普遍采用的是（**B**）保护器。
（A）放电间隙；（B）氧化锌避雷器；（C）带间隙碳化硅电阻；（D）氧化硅避雷器。

Je4A2170 电缆线路非直接接地的一端金属护套中的感应电压不应超过（**A**）。

（A）65V；（B）75V；（C）85V；（D）95V。

Je4A2171 电缆线路走向图一般是按（**C**）比例绘制的。

（A）1:100；（B）1:200；（C）1:500；（D）1:1000。

Je4A2172 检查电缆温度时，应选择（**C**）进行测量。

（A）散热条件较好处；（B）通风条件较好处；（C）有外界热源影响处；（D）无外界热源影响处。

Je4A2173 电力电缆接头制作时，接地连接线截面应不小于（**B**）mm^2。

（A）6；（B）10；（C）25；（D）35。

Je4A2174 25℃时，聚氯乙烯绝缘 4mm^2 的铜芯电缆长期允许载流量为（**D**）A。

（A）4；（B）8；（C）12；（D）23。

Je4A2175 10kV 户外电缆终端头的导体部分对地距离不应小于（**C**）mm。

（A）125；（B）150；（C）200；（D）250。

Je4A2176 水底电缆埋设在浅滩部分时可用人工开挖或机械开挖沟槽，然后置入电缆，填上细砂，盖上水泥盖板或套上关节套管再回填土，埋设深度一般为（**C**）m。

（A）0.5；（B）1；（C）1.5；（D）2。

Je4A2177 敷设水底电缆时，应向施工水域政府管理部门提交质量计划和（**C**）。

（A）施工组织措施；（B）设计图纸；（C）水上施工许可申请报告；（D）开工报告。

Je4A2178 直埋充油电缆的埋置深度，从地面至电缆外护層应不小于（**D**）。

（A）0.7m；（B）0.8m；（C）0.9m；（D）1.0m。

Je4A3179 在做电缆直流耐压试验时，规定预防性试验时间为（**D**）min。

（A）2；（B）3；（C）4；（D）5。

Je4A3180 敷设水底电缆前，需进行水底地形的调查，了解水下地形和路由最大水深。5m 以上深的水域，宜沿路由布置三条测线，测线间距 100m，测点间距（**B**）m。

（A）25；（B）50；（C）75；（D）100。

Je4A3181 电缆线路的检修工作应尽量安排在线路（**B**）的情况下进行。

（A）不停电；（B）停电；（C）部分停电；（D）任何。

Je4A3182 为防止电缆（**A**），可装置排流或强制排流、极性排流设备，设置阴计站等。

（A）电解腐蚀；（B）化学腐蚀；（C）环境腐蚀；（D）气候腐蚀。

Je4A3183 在非通行的流速未超过 1m/s 小河中，同回路单芯电缆相互间距不应小于 0.5m 而不同回路电缆间距不小于（**D**）。

（A）2m；（B）3m；（C）4m；（D）5m。

Je4A3184 电缆输送机的运行速度不应超过（**B**）。

（A）10m/min；（B）15m/min；（C）20m/min；（D）25m/min。

Je4A3185 根据运行经验，聚乙烯绝缘层的破坏原因，主要是（**A**）。

（A）树脂老化；（B）外力破坏；（C）温度过高；（D）腐蚀性。

Je4A3186　水底电缆敷设必须留有充足的余量，对于电缆路径长度小于 **1km** 的电缆，在我国推荐的订货长度余量为**（C）**。
（A）3%～5%；（B）4%～7%；（C）5%～10%；（D）10%～15%。

Je4A3187　当电缆有中间接头时，应将其**（B）**，在中间接头的周围应有防止因发生事故而引起火灾的设施。
（A）穿入管道内；（B）放在电缆井坑内；（C）埋入地内；（D）随意放置。

Je4A4188　电缆绝缘的介质损失角值增大，就迫使允许载流量**（A）**。
（A）降低；（B）提高；（C）持平；（D）弱变化。

Je4A3189　敷设于铁路、公路下的电缆管的埋设深度应低于路基或排水沟**（D）**以上。
（A）0.7m；（B）0.8m；（C）0.9m；（D）1.0m。

Je4A4190　使用电容电桥法测试电缆故障时，其断线故障的绝缘电阻不应小于**（A）**MΩ，否则会造成较大的误差。
（A）1；（B）10；（C）100；（D）200。

Je4A4191　直埋电缆穿越农田时，电缆埋置深度不应小于**（C）**。
（A）0.1m；（B）0.7m；（C）1m；（D）1.2m。

Jf4A1192　焊条型号"E4303"中的末两位数字"03"表

示它的药皮类型属于（**C**）。

（A）纤维素型；（B）低氢型；（C）钛钙型；（D）以上都不是。

Jf4A1193 配电盘、成套柜基础型钢安装的允许偏差是水平度和偏斜度每米长和全长分别不超过（**A**）。

（A）1mm、5mm；（B）2mm、5mm；（C）2mm、10mm；（D）1mm、10mm。

Jf4A2194 电流表最大刻度为 300A（电流互感器变比为 300/5A），表针指示电流为 150A，此时表计线圈通过的电流是（**A**）。

（A）2.5A；（B）5A；（C）150A；（D）300A。

Jf4A2195 我国确定的安全电压有三种，指的是（**D**）。

（A）36V、48V、100V；（B）24V、36V、48V；（C）110V、220V、380V；（D）12V、24V、36V。

Jf4A2196 测量吸收比的目的是发现绝缘受潮，吸收比的表达式是（**A**）。

（A）R_{60s}/R_{15s}；（B）R_{15s}/R_{60s}；（C）R_{30s}/R_{60s}；（D）R_{60s}/R_{30s}。

Jf4A2197 在带电区域中的非带电设备上检修时，工作人员正常活动范围与带电设备的安全距离即安全净距 6kV 及以下电压等级为大于（**A**）m。

（A）0.35；（B）0.1；（C）0.2；（D）0.25。

Jf4A3198 用电桥法测量直流电阻，当被测试电阻在 10Ω 以上时，一般采用（**A**）法测量。

（A）单臂电桥；（B）双臂电桥；（C）西林电桥；（D）以

上都不对。

Jf4A3199 下列操作中，（**C**）不能运行一个应用程序。

（A）用"开始"菜单中的"运行"命令；（B）用鼠左键双击查找到的文件名；（C）用"开始"菜单中的"文档"命令；（D）用鼠标单击"任务栏"中该程序的图标。

Jf4A4200 质量管理统计方法有下列哪几种方法（**C**）。

（A）因果图、排列图、散布图、直方图；（B）因果图、排列图、散布图、直方图、分组法；（C）因果图、排列图、散布图、直方图、分组法、控制图；（D）因果图、排列图、散布图、控制图。

La3A2201 对称的三相电源星形连接时，相电压是线电压的（**C**）倍。

（A）1；（B）2；（C）3/3；（D）$\sqrt{3}$。

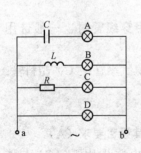

图 A-2

La3A3202 叠加原理、欧姆定律分别只适用于（**B**）电路。

（A）线性、非线性；（B）线性 线性；（C）非线性、线性；（D）线性、非线性。

La3A3203 当电源频率增加后，图 A-2 中的（**A**）亮度会增加。

（A）A 灯；（B）B 灯；（C）C 灯；（D）D 灯。

La3A4204 三相对称负载的功率 $P = \sqrt{3}\,UI\cos\varphi$，其中 φ 角是（**B**）的相位角。

（A）线电压与线电流之间；（B）相电压与对应相电流之间；（C）线电压与相电流之间；（D）相电压与线电流之间。

La3A5205 线圈中自感电动势的方向是（C）。

（A）与原电流方向相反；（B）与原电流方向相同；（C）阻止原磁通的变化；（D）加强原磁通的变化。

Lb3A2206 电缆线芯的功能主要是输送电流，线芯的损耗是由（A）来决定。

（A）导体截面和电导系数；（B）电压高低；（C）电阻系数；（D）温度系数。

Lb3A2207 当应力锥长度固定后，附加绝缘加大，会使轴向应力（B）。

（A）减少；（B）增大；（C）略有减少；（D）略有增大。

Lb3A2208 单芯电缆的铅皮只在一端接地时，在铅皮另一端上的正常感应电压一般不应超过（C）V。

（A）50；（B）55；（C）60；（D）65。

Lb3A2209 在爆炸危险场所选用穿线管时，一般选用（A）。

（A）镀锌水煤气钢管；（B）黑水煤气钢管；（C）塑料管；（D）铸钢管。

Lb3A3210 堤坝上的电缆敷设，其设置要求（A）。

（A）与直埋电缆相同；（B）与沟内敷设相同；（C）与隧道敷设相同；（D）有特殊规定。

Lb3A3211 半导体屏蔽纸除了起均匀电场作用外，也可以起（D）作用。

（A）改善老化；（B）改善绝缘；（C）改善温度；（D）改善老化和绝缘性能。

Lb3A3212　110kV 电缆终端头出线应保持固定位置, 其带电裸露部分至接地部分的距离应不少于（**B**）。

（A）0.5～0.9m；（B）0.9～1.0m；（C）1.0～1.5m；（D）1.5～2.0m。

Lb3A3213　电缆事故报告中, 事故中止的时间指（**A**）时间。

（A）汇报时间；（B）接头完毕；（C）试验完毕；（D）施工完毕。

Lb3A3214　自黏性绝缘带材在进行击穿试验时, 需将带材（**B**）拉伸固定。

（A）100%；（B）200%；（C）300%；（D）任意。

Lb3A3215　电缆线路的正常工作电压一般不应超过电缆额定电压的（**C**）。

（A）5%；（B）10%；（C）15%；（D）20%。

Lb3A3216　110kV 的电缆进线段, 要求在电缆与架空线的连接处装设（**C**）。

（A）放电间隙；（B）管型避雷器；（C）阀型避雷器；（D）管型或阀型避雷器。

Lb3A4217　电流互感器二次侧 K2 端的接线属于（**B**）接地。

（A）工作；（B）保护；（C）防雷；（D）重复。

Lb3A4218　在三相系统中,（**A**）将三芯电缆中的一芯接地运行。

（A）不得；（B）可以；（C）应；（D）不应。

Lb3A4219 主要部件是橡胶预制件,预制件内径与电缆绝缘外径要求过盈配合,以确保界面间足够压力,这种结构形式的接头是(D)式接头。

(A)热缩;(B)冷缩;(C)组合预制;(D)整体预制。

Lb3A4220 电缆中电波的传播速度与(A)有关。

(A)电缆材料的相对介电系数;(B)电缆长度;(C)电缆结构;(D)电缆的电压等级。

Lb3A4221 热继电器主要用于三相异步交流电动机的(B)保护。

(A)过热和过载;(B)过流和过载;(C)过流和过压;(D)过热和过压。

Lb3A5222 按电缆的入井位置和距离,应根据电缆施工时的(B)可按电缆的长度和现场位置而定,一般不宜大于200m。

(A)电缆型号;(B)允许拉力;(C)管道拉力;(D)施工便利。

Lb3A5223 聚四氟乙稀薄膜当温度超过(D)时,燃烧时将生成有强烈毒性的气态氟化物。

(A)150℃;(B)180℃;(C)240℃;(D)320℃。

Lc3A2224 通过一定的规章制度、方法、程序机构等把质量保证活动加以系统化、标准化、制度化称之为(C)。

(A)品质量体系;(B)工作质量体;(C)质量保证体系;(D)全面质量管理。

Lc3A3225 电工仪表测量误差的表达形式一般分为(A)。

(A)绝对误差、相对误差、引用误差;(B)绝对误差、相对误差；（C）基本误差、附加误差；（D）绝对误差、相对误差、基本误差。

Lc3A3226 QC 小组具有（**A**）特点。

（A）目的性、科学性、群众性、民主性；（B）目的性、科学性、经济性、广泛性；（C）目的性、广泛性、科学性、民主性；（D）经济性、科学性、群众性、民主性。

Lc3A4227 当一个文档窗口被关闭后，该文档将（**A**）。

（A）保存在外存中；（B）保存在内存中；（C）保存在剪贴板中；（D）既保存在外存也保存在内存中。

Jd3A2228 高压交联聚乙烯电缆内外半导电屏蔽层的厚度一般为（**A**）mm。

（A）1～2；（B）3～4；（C）5～6；（D）7～8。

Jd3A3229 水底电缆尽可能埋没在河床下至少（**A**）深。

（A）0.5m；（B）0.4m；（C）0.3m；（D）0.2m。

Jd3A3230 测量电缆电阻可采用（**D**）法。

（A）电容比较；（B）直流充电；（C）交流电桥和交流充电；（D）直流电桥。

Jd3A4231 应用感应法查找电缆故障时，施加的电流频率为（**B**）。

（A）工频；（B）音频；（C）高频；（D）低频。

Jd3A4232 测量电缆线路正序、零序阻抗和测量导体金属屏蔽间的电容时，其值不应大于设计值的（**A**）。

（A）80%；（B）85%；（C）90%；（D）95%。

Jd3A5233 110kV 及以上的直埋电缆，当其表面温度超过（**C**）时，应采取降低温度或改善回填土的散热性能等措施。

（A）10℃；（B）30℃；（C）50℃；（D）70℃。

Je3A2234 交联聚乙烯电缆接头和终端用的应力控制管或应力控制带，是用介电常数大于（**C**）的高介电常数材料制成的。

（A）5；（B）10；（C）20；（D）30。

Je3A2235 电缆试验击穿的故障点，电阻一般都很高，多数属于闪络性故障，定点困难多出现在（**C**）。

（A）户内终端；（B）户外终端；（C）电缆接头内；（D）电缆拐弯处。

Je3A2236 电缆的电容是电缆线路中的一个重要参数，它决定电缆线路中（**B**）的大小。

（A）负荷电流；（B）电容电流；（C）泄漏电流；（D）允许电流。

Je3A2237 为了保障人身安全，非直接接地一端金属护套上的感应电压不应超过（**C**）。如果绝缘接头处的金属套管用绝缘材料覆盖起来，护套上的正常感应电压不可超过（**C**）。

（A）100V，500V；（B）60V，120V；（C）50V，100V；（D）100V，180V。

Je3A3238 电缆故障测试中，精测定点能准确定出故障点所在的具体位置。精测定点有多种方法，（**D**）仅适用于金属性接地故障。

（A）声测定点法；（B）同步定点法；（C）电桥法；（D）感应定点法。

Je3A3239 额定电压为 **10kV** 的电缆剥切线芯绝缘、屏蔽、金属护定点套时，线芯沿绝缘表面至最近接地点的最小距离为**（A）mm**。

（A）50；（B）100；（C）125；（D）250。

Je3A3240 额定电压为 **35kV** 的电缆剥切线芯绝缘、屏蔽、金属护套时，线芯沿绝缘表面至最近接地点的最小距离为**（D）mm**。

（A）50；（B）100；（C）125；（D）250。

Je3A3241 **35kV** 交联乙烯电缆中间头施工采用模塑法，即最后工艺是套上加热模具，开启恒温仪加热，加热温度一般为**（A）**。

（A）120℃；（B）130℃；（C）140℃；（D）150℃。

Je3A3242 采用模塑法工艺是套上模具后，开启恒温仪加热至不同高温下，保持数小时，停止加热后，冷却到**（A）**时拆模。

（A）70℃；（B）60℃；（C）50℃；（D）40℃。

Je3A3243 电气试验中的间隙性击穿故障和封闭性故障都属**（C）**性故障。

（A）断线；（B）接地；（C）闪络；（D）混合。

Je3A3244 **（D）**是每一种型式的电缆中间头或终端头均须有的一份标准装置的设计总图。

（A）电缆线路图；（B）电缆网络图；（C）电缆截面图；（D）电缆头装配图。

Je3A3245 电缆竖井内的电缆，巡视规定为**（B）**。

（A）1年1次；（B）半年至少1次；（C）3个月1次；（D）1个月1次。

Je3A3246 电缆试验中，绝缘良好的电力电缆，其不平衡系数一般不大于（A）。

（A）2.5；（B）1.5；（C）0.5；（D）3。

Je3A4247 当电缆外皮流出的电流密度一昼夜的平均值达（B）μA/cm² 时，就有腐蚀的危险。

（A）1.0；（B）1.5；（C）2.0；（D）2.5。

Je3A4248 当电缆加上直流电压后将产生充电电流、吸收电流和泄漏电流。随着时间的延长，有的电流很快衰减到零，有的电流降至很小数值，这时微安表中通过的电流基本只有（C）。

（A）充电电流；（B）吸收电流；（C）泄漏电流；（D）不平衡电流。

Je3A4249 在给故障电缆加上一个幅度足够高的（B），故障点发生闪络放电的同时，还会产生相当大的"啪"、"啪"放电声音。

（A）交流电压；（B）冲击电压；（C）电流；（D）脉冲电流。

Je3A4250 进行变电站检修时，工作票应由（A）填写。

（A）工作负责人；（B）工作人员；（C）技术人员；（D）值班人员。

Je3A4251 交联聚乙烯电缆，导体应采用圆形单线绞合紧压导体或实芯导体，紧压铜铝导体尺寸均相同，标称截面（D）

及以上铜芯采用分割导体结构。

（A）200mm²；（B）500mm²；（C）800mm²；（D）1000mm²。

Je3A4252 用双臂电桥测量电缆导体直流电阻，电位夹头与电流夹头间的距离应不小于试样断面周区的（**B**）。

（A）1 倍；（B）1.5 倍；（C）2 倍；（D）2.5 倍。

Je3A4253 采用低压脉冲测量电缆故障，一般要求故障电阻在（**A**）以下。

（A）100Ω；（B）150 Ω；（C）200 Ω；（D）250 Ω。

Je3A5254 交联乙烯绝缘的热阻导数为（**A**）℃·cm/W。

（A）350；（B）300；（C）250；（D）200。

Je3A5255 电缆制造厂通过（**C**）试验验证电缆产品是否满足规定技术要求，检验电缆产品是否存在偶然因素造成的缺陷。

（A）型式；（B）抽样；（C）例行；（D）耐压。

Jf3A2256 吊钩在使用时一定要严格按规定使用，在使用中（**B**）。

（A）只能按规定负荷的 70% 使用；（B）不能超负荷使用；（C）只能超过负荷的 10%；（D）可以短时按规定负荷的一倍半使用。

Jf3A3257 拆除起重脚手架的顺序是（**A**）。

（A）先拆上层的脚手架；（B）先拆大横杆；（C）先拆里层的架子；（D）可以从任何地方拆。

Jf3A3258 380/220V 的三相四线制供电系统，变压器中性

点接地电阻为 **3.4Ω**，系统中用电设备均采用接地保护，其中一台电动机熔断器额定电流为 **80A**，当发生一相碰壳时，熔断器将（**A**）。

（A）不能熔断；（B）立即熔断；（C）可能会熔断；（D）以上均不对。

Jf3A4259　用 **0.5 级 100V** 和 **1.5 级 15V** 电压表分别测量 **10V** 电压，测量的数据比较准确的是（**B**）。

（A）0.5 级 100V；（B）1.5 级 15V；（C）两者一样；（D）以上均不对。

Jf3A5260　机械管理中的"三定"是指（**A**）。

（A）定人、定机、定岗位责任；（B）定员、定时、定制度；（C）定人、定机、定时；（D）定员、定机、定时。

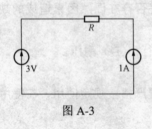

图 A-3

La2A3261　如图 A-3 所示电路，恒流源 1A，恒压源 3V，则在 1Ω 电阻上消耗功率为（**B**）。

（A）4W；（B）1W；（C）3W；（D）2W。

La2A4262　依照对称分量法可把三相不对称的正弦量分解为（**D**）对称分量。

（A）正序；（B）负序；（C）零序；（D）正序、负序、零序三组。

Lb2A2263　防止电缆线路火灾事故的措施有：选用防火电缆、（**C**）、阻火分隔和封堵。

（A）采用阻燃接头保护盒；（B）采用防火门、防火墙；

（C）电缆及接头表面阻燃处理；（D）将电缆置于耐火槽中。

Lb2A3264 聚四氟乙烯（定向）薄膜，抗拉强度为（**B**）kg/mm^2。

（A）2～8；（B）3～10；（C）5～12；（D）7～15。

Lb2A3265 为防止变压器中性点出现过电压，应在中性点装设（**B**）。

（A）接地开关；（B）避雷器；（C）电流互感器；（D）电压互感器。

Lb2A4266 不能用来作为交联电缆真空去潮的干燥介质为（**B**）。

（A）氮气；（B）氧气；（C）干燥空气；（D）干燥空气和氮气。

Lb2A4267 在有些防火要求很高的地方，一般应从技术上考虑采用阻燃性的（**A**）外护层电缆，以限制火灾的发生和蔓延。

（A）PE；（B）PVC；（C）麻被；（D）橡皮。

Lb2A5268 电缆线路的（**C**）工作主要有：技术资料管理；技划的编制；备品的管理；规程的制定、检查和监督执行；培训五个方面。

（A）原始装置记录；（B）线路设计书；（C）技术管理；（D）设计书及图样。

Lc2A4269 有一只毫安表，量程为 **150mA**，最大绝对误差是 **1.5mA**，其准确度为（**B**）级。

（A）0.5；（B）1.0；（C）1.5；（D）0.2。

Jd2A3270 焊机一次线圈的绝缘电阻应不小于（**B**）MΩ。

（A）0.5；（B）1；（C）10；（D）200。

Jd2A4271 在超高压电缆接头中，仅能作为塑料电缆接头专用工具的是（**B**）。

（A）电缆校直机；（B）绝缘绕包机；（C）真空装置；（D）液压装置。

Je2A2272 有一条电缆线路长 **400m**，采用（**A**）的接地方式比较经济、合理。

（A）护套一端接地；（B）护套两端接地；（C）护套交叉接地；（D）随便接地。

Je2A3273 在护套交叉互联的接地方式中，护层保护器一般被安装在电缆（**B**）的位置。

（A）直线接头；（B）绝缘接头；（C）终端；（D）随意。

Je2A3274 采用（**A**）能控制和减少电缆敷设中的牵引力。

（A）增大电缆弯曲半径；（B）牵引和输送设备配套使用；（C）加装牵引网套；（D）安装联动控制装置。

Je2A4275 电缆固定成弯曲形，当受到热胀冷缩影响时，电缆可沿固定处轴向产生一定角度变化或稍有横向位移的固定方式称为（**C**）固定。

（A）活动；（B）刚性；（C）挠性；（D）机械。

Je2A4276 验收报告在电缆竣工验收结束后，应由（**A**）编写。

（A）施工单位；（B）设计单位；（C）运行单位；（D）监理单位。

Je2A4277 采用（**B**），可对电缆终端头和接头等内部温度状况进行图像分析和有效控制。

（A）红外线测温仪；（B）温度热像仪；（C）热电耦温度计；（D）膨胀温度计。

Je2A5278 超高压交流单芯电缆线路采用（**D**）接地方式效果更好一些。

（A）护套一端接地；（B）护套两端接地；（C）护套交叉互联；（D）800kgf/cm^2 电缆换位，金属护套交叉互联。

Jf2A3279 不按工作票要求布置安全措施，工作负责人应负（**A**）。

（A）主要责任；（B）次要责任；（C）直接责任；（D）连带责任。

Jf2A4280 对于不同的焊件应选用不同规格的电烙铁，焊接电子线路时应选用（**A**）电烙铁。

（A）30W 以上；（B）45W 以下；（C）60W 以下；（D）75W 以下。

La1A4281 在 *RLC* 串联电路中，复数阻抗的模 Z＝（**C**）。

（A）$\sqrt{X_L^2+(R+X_C)^2}$；（B）$\sqrt{X_C^2+(R+X_L)^2}$；

（C）$\sqrt{R^2+(X_L+X_C)^2}$；（D）$\sqrt{R^2+(X_L+X_C)^2}$。

La1A5282 电力系统发生短路故障时，其短路电流为（**C**）。

（A）电阻电流；（B）容性电流；（C）电感电流；（D）电容、电感电流。

Lb1A2283 使用音频感应法测量电缆故障点，要求电阻值不高于（A）。

（A）10Ω；（B）20 Ω；（C）30 Ω；（D）40 Ω。

Lb1A3284 电缆的波阻抗一般为架空线的（A）。

（A）1/15；（B）2/15；（C）1/5；（D）4/15。

Lb1A4285 高压交联电缆构造要求交联工艺必须是全封闭干式交联，内、外半导电体与绝缘层必须采用（B）共挤。

（A）两层；（B）三层；（C）四层；（D）五层。

Lb1A4286 110kV 交联聚乙烯外护层耐压试验，是在每相金属屏蔽、金属护套与大地间施加直流电压（A），1min。

（A）10kV；（B）15kV；（C）20kV；（D）25kV。

Lb1A5287 10kV 交联乙烯电缆绝缘标称厚度为 4.5mm，绝缘厚度平均值应不小于标称值，任一最小厚度测量值应不小于标称值的（D）。

（A）75%；（B）80%；（C）85%；（D）90%。

Lb1A5288 两个变压器间定相（核相）是为了核定（B）是否一致。

（A）相序；（B）相位；（C）相角；（D）电压。

Lc1A4289 变压器是一种利用（B）原理工作的静止的电气设备。

（A）静电感应；（B）电磁感应；（C）交变感应；（D）电能传递。

Jd1A4290 110kV 交联聚乙烯绝缘电缆，在导体与金属屏蔽、金属套间施加（**A**）电压，持续 **5min** 作耐压试验。

（A）110kV；（B）120kV；（C）130kV；（D）140kV。

Jd1A5291 电缆热收缩接头绝缘管不多于两层，总绝缘厚度不低于电缆本体绝缘厚度的（**A**）。

（A）1.2 倍；（B）1.3 倍；（C）1.4 倍；（D）1.5 倍。

Je1A2292 110kV 电缆线路参数要求，正序、零序阻抗，导体与金属屏蔽间的电容，其值应不大于设计值的（**B**）。

（A）5%；（B）8%；（C）12%；（D）15%。

Je1A3293 电缆地理信息管理系统称（**B**）。

（A）GPS 系统；（B）GIS 系统；（C）APS 系统；（D）DOS 系统。

Je1A4294 1000kV 超高压电缆绝缘一般使用（**C**）。

（A）绝缘纸；（B）交联乙烯；（C）木纤维；（D）乙丙橡胶。

Je1A4295 用钢丝绳牵引电缆，在达到一定程度后，电缆会受到（**B**）作用，因此在端部应加装防捻器。

（A）表面张力；（B）扭转应力；（C）拉力；（D）蠕变应力。

Je1A4296 电缆金属护套至保护器的连接线应尽量短，一般限制在（**B**）m 以内，以减小波阻抗。

（A）5；（B）10；（C）15；（D）20。

Je1A5297 电缆绝缘中如含有水分，会对其绝缘性能产生影响，纸绝缘的体积电阻率和击穿电压随含水量增加而（**A**）。

（A）明显降低；（B）缓慢降低；（C）维持不变；（D）略有上升。

Je1A5298 护层保护器的氧化锌阀片由（**D**）组成。

（A）电感；（B）电容；（C）线性电阻；（D）非线性电阻。

Jf1A4299 在中性点不接地电力系统中，发生单相接地时，未接地的两相对地电压升高（**A**）倍，在单相接地情况下，允许运行不超过（**A**）h。

（A）$\sqrt{3}$、2；（B）$\sqrt{3}/3$、2；（C）$\sqrt{3}$、4；（D）$\sqrt{3}/3$、4。

Jf1A5300 Foxpro 数据库中的字数变量的类型有（**C**）种。

（A）5；（B）6；（C）7；（D）8。

4.1.2　判断题

判断下列描述是否正确，对的在括号内打"√"，错的在括号内打"×"。

La5B1001　在电路中只要没有电流通过，就一定没有电压。（×）

La5B1002　在电场中，A、B 两点各有一点电荷，其电量分别为 Q_A、Q_B，它们受到的电场力 $F_A=F_B$，故 A、B 两点的电场强度 $E_A=E_B$。（×）

La5B1003　在电工技术中，一般讲到交流电动势、电压和电流都是指有效值，分别用符号 E、U、I 表示。（√）

La5B2004　失去电子的物体带负电荷，获得电子的物体带正电荷。（×）

La5B2005　各种物质按其导电性能大致可分为导体、半导体和绝缘体三种。（√）

La5B2006　三相四线制中的中性线也应装设熔断器。（×）

La5B3007　磁力线是在磁体的外部，由 N 极到 S 极，而在磁体的内部，由 S 极到 N 极的闭合曲线。（√）

La5B4008　直流电磁式仪表是根据磁场对通过矩形线圈有力的作用这一原理制成的。（√）

Lb5B1009　用于电力传输和分配的电缆，称为电力电缆。（√）

Lb5B1010　YJLV22 表示交联聚乙烯绝缘、钢带铠装、聚氯乙烯护套铝芯电力电缆。（√）

Lb5B1011　电缆的内护套，按材料可分为金属和非金属两种。（√）

Lb5B1012　导体的电阻与温度无关。（×）

Lb5B1013　电缆的导体截面积则等于各层导体截面积的总和。（√）

Lb5B1014 电缆线芯相序的颜色,A 相为黄色、B 相为绿色、C 相为红色、地线和中性线为黑色。(×)

Lb5B1015 多芯及单芯塑料电缆的最小曲率半径为 15 倍电缆外径。(×)

Lb5B1016 10kV 电缆终端头和接头的金属护层之间必须连通接地。(√)

Lb5B1017 并列运行的电力电缆,其同等截面和长度要求基本相同。(√)

Lb5B1018 敷设电缆时,须考虑电缆与热管道及其他管道的距离。(√)

Lb5B1019 对于大截面导电线芯,为了减小集肤效应,有时采用四分割、五分割等分割线芯,分割线芯大多由扇形组成。(√)

Lb5B1020 万能表使用后,应把选择钮旋到最高电阻挡上。(×)

Lb5B2021 电缆线芯的连接,铜芯采用压接,铝芯采用焊接。(×)

Lb5B1022 电缆护层主要分为金属护层、橡塑护层和组合护层。(√)

Lb5B2023 电缆接地线截面应不小于 $16mm^2$,在没有多股软铜线时,可用多股铝绞线代替。(×)

Lb5B2024 泄漏电流的大小是判断电缆能否运行的参考依据。(√)

Lb5B2025 电缆保护层中常用的防蚁剂有:伏化剂、艾氏剂、氯丹等。(√)

Lb5B2026 每根电缆管不应超过 3 个弯头,直角弯只允许 1 个。(×)

Lb5B2027 直埋电缆沿线及其接头处应有明显的方向标志或牢固的标桩。(√)

Lb5B2028 聚乙烯绝缘型电力电缆主要适用于低、中、高

电压等级。（×）

Lb5B2029　乙丙橡胶具有良好的抗水性，所以乙丙橡胶适宜做海底电缆。（√）

Lb5B2030　敷设电缆时，应有专人指挥，电缆走动时，严禁用手移动滚轮以防压伤。（√）

Lb5B2031　电缆竖井中电缆接头和金属架之间不应连通。（×）

Lb5B2032　用液压钳压接线端子，每个端子压一个坑，压到底后应停留半分钟再脱模。（×）

Lb5B3033　冷缩式终端头附件安装时只需将管子套上电缆芯，拉去支撑尼龙条，靠橡胶的收缩特性，管子就紧缩压在电缆芯上。（√）

Lb5B3034　塑料电缆的局部放电特性取决于塑料电缆的结构形式、绝缘材料、工艺参数及运行条件。（√）

Lb5B3035　阻燃电缆具有遇火燃烧范围小，而且离火能自熄的特点，并非阻燃电缆就不会燃烧。（√）

Lb5B3036　耐火电缆由于增加了耐火云母层，所以不怕火烧。（×）

Lb5B4037　防止户内电缆终端头电晕放电的常用方法，有等电位法和附加应力锥法。（√）

Lc5B1038　我国的法定长度计量基本单位为米，其符号为m。（√）

Lc5B1039　在砂轮机上工作时，必须戴护目镜，在钻床上进行钻孔工作时必须戴手套。（×）

Lc5B1040　计算机的硬件组成主要有运算器、控制器、存储器和 I/O 设备等。运算器和控制器通常合在一起称为中央处理器，即 CPU。（√）

Lc5B2041　游标卡尺按用途可分为普通游标卡尺、深度游标卡尺和高度游标卡尺 3 种。（√）

Lc5B2042　图纸的比例 2:1 表示图纸上的尺寸是实物尺寸

的 2 倍。(√)

Lc5B2043　电力系统是电源、电力网以及用户组成的整体。(√)

Lc5B3044　主视图是画三视图的关键,主视图一定,俯视图和左视图就好了。(√)

Lc5B4045　剪贴板是 RAN 中一块临时存放交换信息的区域。(√)

Jd5B1046　电缆垂直敷设时,每隔 2m 应加以固定。(×)

Jd5B1047　电缆管应安装牢固,可以直接将电缆管焊接在支架上。(×)

Jd5B1048　测量电缆线路绝缘电阻时,试验前应将电缆接地放电,以保证测试安全和结果准确。(√)

Jd5B1049　电缆在运输和装卸时,为避免压伤电缆,可将电缆盘平放运输。(×)

Jd5B2050　电焊条牌号 J422,其中 J 表示结构钢焊条。(√)

Jd5B2051　在三相四线制系统中,允许采用三芯电缆另外加一根单芯电缆或电线。(×)

Jd5B2052　装引出线前,对铜铝过渡线夹,并沟线夹与铝导线的接触面应清除表面氧化层,并涂抹中性凡士林。(√)

Jd5B2053　电缆加热的方法可以采用提高电缆周围空气温度和用较大电流通过电缆导体的方法。(√)

Jd5B3054　滚动电缆盘时,滚动方向应顺着电缆的缠紧方向。(√)

Jd5B4055　在一定的电压作用下,应力锥长度越长,则轴向应力越小。(√)

Je5B1056　施放电缆时,首先将电缆盘用支架支撑起来,电缆盘的下边缘与地面距离不应小于 50mm。(×)

Je5B1057　测量高压设备绝缘,应不少于 2 人进行。(√)

Je5B1058　禁止将电缆平行敷设于管道上面或下面。(√)

Je5B1059　制作电缆三头的基本要求有:导体连接好、绝

可靠、密封良好和足够的机械强度。（√）

Je5B1060 一般而言，电缆三头是电缆线路的薄弱环节，大多数电缆事故发生在电缆三头上。（√）

Je5B1061 交联聚乙烯电缆所用线芯除特殊要求外，均采用压紧型线芯。（√）

Je5B1062 具有绝缘外层的电缆终端头，当接地线安装在零序电流互感器以下时，接地线应穿过零序电流互感器。（×）

Je5B1063 电缆终端头，由现场根据情况每 1～3 年，停电检查一次。（√）

Je5B1064 埋入混凝土内的钢管可以不涂防腐漆。（√）

Je5B1065 直埋电缆的敷设方式，全长应做成波浪形敷设。（×）

Je5B1066 不得利用电缆的保护钢管作保护地线。（×）

Je5B1067 电缆直埋时，不同部门使用的电缆相互间距为1m。（×）

Je5B1068 塑料电缆的密封方法主要有粘合法、模塑法、热（冷）缩法和封焊法。（√）

Je5B1069 当一条电缆同时需要直供两个或两个以上的受电端时，采用安装分支接头、设置电缆分支箱和电缆环入一个或一个以上受电端的方式。（√）

Je5B2070 做直流耐压试验，升压速度一般为 2～3kV/s。（×）

Je5B2071 电缆竖井内的电缆，每年至少巡视一次。（×）

Je5B2072 电缆线路与建筑物接近时，电缆外皮与建筑物基础距离应大于 0.6m。（√）

Je5B2073 橡胶绝缘电缆现在所采用的材料一般为乙丙橡胶。（√）

Je5B2074 交联电缆反应力锥常采用卷笔刀具削制成锥形，比纸绝缘的电缆容易制作，改善电场分布效果更好。（√）

Je5B2075 电缆核相的作用是使电缆线路每相线芯两端

连接的电气设备同相，并符合电气设备的相位排列要求。（√）

Je5B2076 对电缆线路运行的实际温度测量，一般是采用通过电缆金属护层温度的测量来实现。（√）

Je5B2077 对电缆线路进行测温时，测量点应选择在散热条件较好的线段进行。（×）

Je5B2078 NTC型户内电缆终端盒，N表示户内，T表示手套，C表示瓷质材料。（√）

Je5B2079 装卸电缆一般采用吊车，装卸时在电缆盘的中心孔中穿一根钢丝绳，绳的两头挂在吊钩上起吊。（×）

Je5B2080 电力电缆和控制电缆应分别安装在沟的两边支架上或将电力电缆安置在控制电缆之上的支架上。（√）

Je5B2081 电缆沟内全长应装设有连续的接地线装置，接地线的规格应符合规范要求。（√）

Je5B2082 电缆支架、电缆金属护套和铠装层应全部和接地装置连接，以避免电缆外皮与金属支架间产生电位差而发生交流电蚀或人身安全。（√）

Je5B2083 电缆沟内的金属结构物均需采取镀锌或涂防锈漆的防腐措施。（√）

Je5B3084 电缆隧道内应具有良好的排水措施，以防电缆长期被水浸泡。（√）

Je5B3085 电缆内衬层破损进水后，应进行铜屏蔽层电阻和导体电阻比试验。（√）

Je5B3086 在电缆线路弯曲部分的内侧，电缆受到牵引力的分力和反作用力的作用而受到的压力，称为侧压力。（√）

Je5B3087 敷设在不填黄沙的电缆沟内的电缆，为防火需要，应采用裸铠装或非易燃性外护层的电缆。（×）

Je5B3088 电缆分支箱处应安装一根接地线，以长2m直径为50mm的钢管埋入地下，作为接地极。（×）

Je5B4089 交联电缆锯断后，准备第二天就做接头的电缆，末端可不封头。（×）

Je5B4090 汽油喷灯注油时，汽油体积不能超过油筒容积的 3/4，以防止汽油受热后无膨胀余地。（×）

Je5B4091 测量电缆外护层绝缘损坏点的定点测量主要有感应法和跨步电压法。（×）

Jf5B1092 使用万用表测量直流电压和电流时，红表笔接正极，黑表笔接负极。（√）

Jf5B1093 测量额定电压为 500V 以下的电器的绝缘电阻时，应选用 500V 的摇表。（√）

Jf5B1094 仪表的准确度等级越高，测量的数值越准确。（×）

Jf5B2095 触电的方式有三种即单相触电，两相触电，和跨步电压、接触电压、雷击放电。其中两相电压触电最危险。（√）

Jf5B2096 一般来说室内照明线路每一相分支回路一般不超过 15A，灯数（包括插座）不超过 22 个为宜。（√）

Jf5B2097 在带电的低压配电装置上工作时，要采取防止相间短路和单相接地的隔离措施。（√）

Jf5B3098 钢丝绳的许用拉力与破断拉力关系为许用力=破断拉力/安全系数。（√）

Jf5B3099 配电装置是用来接受和分配电能的电气设备，包括控制电器、保护电器、测量电器以及母线和载流导体，按其电压等级可分为高压配电装置和低压配电装置。（√）

Jf5B4100 DOS 外部命令与内部命令的主要区别是内部命令常驻内存，在任何目录下都可以执行；外部命令必须在磁盘上具有相应的文件才能执行。（√）

La4B1101 三相交流发电机的视在功率等于电压和电流的乘积。（×）

La4B1102 在金属导体中，电流传导的速率也就是自由电子在导体中定向移动的速率。（×）

La4B2103 根据电功率 $P=I^2R$ 可知，在并联电路中各电阻

消耗的电功率与它的电阻值成正比。（×）

La4B2104　两只灯泡 A、B，其额定值分别为 220V、110W 及 220V、220W。串联后接在 380V 的电源上，此时 A 灯消耗的功率大。（√）

La4B2105　判断通电线圈产生磁场的方向是用右手螺旋定则来判断。（√）

La4B3106　在 RLC 串联电路中，当 $X_C = X_L$ 时电路中的电流和总电压相位不同时，电路中就产生了谐振现象。（×）

La4B3107　一般电流表都有两个以上量程，是在表内并入不同阻值的分流电阻所构成。（√）

La4B4108　电动势和电压都以"伏特"为单位，但电动势是描述非静电力做功，把其他形式的能转化为电能的物理量；而电压是描述电场力做功，把电能转化为其他形式的能的物理量，它们有本质的区别。（√）

Lb4B1109　电缆金属材料的腐蚀都属于电化学的范畴。（√）

Lb4B1110　钢带铠装层的主要作用是抗拉力。（×）

Lb4B1111　电缆故障点的烧穿法有交流烧穿与直流烧穿。（√）

Lb4B1112　10kV 橡塑电缆交接及大修后，直流试验电压是 35kV，试验时间为 5min。（×）

Lb4B1113　在电缆沟中两边有电缆支架时，架间水平净距最小允许值为 1m。（×）

Lb4B1114　排管通向人井应有不小于 0.1% 的倾斜度。（√）

Lb4B2115　单芯电力电缆的排列应组成紧密的三角形并扎紧。（√）

Lb4B2116　电缆相互交叉时，如果在交叉点前后 1m 范围内用隔板隔开后，其间净距可降为 0.25m。（√）

Lb4B2117　电缆两端的终端头均应安装铭牌，记载电缆名

称。（√）

Lb4B2118 敷设电缆时,接头的搭接预留长度为 2m 左右。
（×）

Lb4B2119 并列敷设的电缆,有接头时应将接头错开。
（√）

Lb4B2120 导体的连接头要求连接牢固,温升和电阻值不得大于同等长度线芯导体的数值。（√）

Lb4B2121 交联聚乙烯绝缘电缆不怕受潮、不怕水,电缆两端密封不好电缆内进入一些水分也不要紧。（×）

Lb4B2122 110kV 及以上交联聚乙烯绝缘电缆中间接头的位置应尽量布置在干燥地点,直埋敷设的中间接头必须有防水外壳。（√）

Lb4B2123 电缆线路一般的薄弱环节不一定在电缆接头和终端头处。（×）

Lb4B2124 测量绝缘电阻是检查电缆线路绝缘最简便的方法,但不适用于较短的电缆。（×）

Lb4B2125 摇测电缆线路电阻时,电缆终端头套管表面应擦干净,以增加表面泄漏。（×）

Lb4B2126 在桥墩两端和伸缩处电缆应留有松弛部分,以防电缆由于结构膨胀和桥墩处地基下沉而受到损坏。（√）

Lb4B2127 对于 110kV 及以上交联聚乙烯绝缘单芯电缆,用金属材料制作夹具时一般选用铝制品。（√）

Lb4B3128 电缆接地线的规格,应按电缆线路的接地电流大小而定。（√）

Lb4B3129 在下列地点,电缆应挂标志牌:电缆两端;改变电缆方向的转弯处;电缆竖井;电缆中间接头处。（√）

Lb4B3130 35kV 电缆终端头要求导体连接良好,连接点的接触电阻小而且稳定,与同长度同截面导线的电阻相比,对新安装的电缆中间接头,其比值应不大于 1.2。（×）

Lb4B3131 聚四氟乙烯带有优良的电气性能,用它作为中

间头的绝缘，可使接头尺寸大为缩小。（√）

Lb4B3132 以安全载流计算出的导线截面，只考虑导线自身的安全，不考虑导线末端的电压降。（×）

Lb4B3133 当塑管的直线长度超过 30m 时，可不加装补偿装置。（×）

Lb4B3134 利用电缆的保护钢管作接地线时，应先焊好接地线，再敷设电缆。（√）

Lb4B4135 电缆的损耗有导体的损耗、介质损耗、金属护套的损耗和铠装层的损耗。（√）

Lb4B4136 在一次系统接线图中，电缆是用虚线表示的。（√）

Lb4B4137 断线故障是指电缆各芯绝缘良好，但有一芯或数芯导体断开此类故障。（×）

Lc4B1138 二次回路用电缆和导线芯截面不应小于 2.5mm^2。（×）

Lc4B1139 一块电压表的基本误差是±0.9%，那么该表的准确度就是 1.0。（√）

Lc4B2140 Word 中的工作窗口是不可移动的最大化窗口，只能在激活的窗口中输入文字。（√）

Lc4B1141 触电保安器有电压型和电流型，前者用于电源中性点直接接地系统，后者用于电源中性点不接地系统。（×）

Lc4B1142 线路临时检修结束后，可即时送电。（×）

Lc4B3143 中性点不接地系统单相金属性接地时，线电压亦能对称。（√）

Lc4B1144 零件尺寸的上偏差可以为正值，也可以为负值或零。（√）

Lc4B4145 技术标准按其适用范围可分为国家标准、行业标准、地方标准、企业标准 4 种，企业标准应低于国家标准或行业标准。（×）

Jd4B1146 电缆清册中开列的长度是切割所要敷设电缆

长度的重要依据。（×）

Jd4B1147 电缆敷设时，电缆头部应从盘的下端引出，应避免电缆在支架上及地面上摩擦拖拉。（×）

Jd4B2148 电缆管在弯制后，其弯曲程度不宜大于管子外径的10%。（√）

Jd4B2149 电缆管应用钢锯下料或用气焊切割，管口应胀成喇叭状。（×）

Jd4B2150 闪络性故障大部分发生于电缆线路运行前的电气试验中，并大都出现于电缆内部。（×）

Jd4B2151 氧、乙炔焊时，当混合气体流速大于燃烧速度时，会发生回火。（×）

Jd4B2152 钢材受外力而变形，当外力去除后，不能恢复原来的形状的变形称为塑性变形。（√）

Jd4B3153 铜连接管和铜鼻子制成后必须退火，并应镀锡，其表面不得有毛刺、裂纹和锐边。（√）

Jd4B3154 塑料电缆中树枝放电引发和发展分为引发期、成长期、饱和期和间隙击穿前期四个阶段。（√）

Jd4B4155 电缆在下列地点需用夹具固定：水平敷设直线段的两端；垂直敷设的所有支点；电缆转角处弯头两侧；电缆终端头颈部和中间接线盒两侧支点处。（√）

Je4B1156 电缆之间应尽可能平行敷设，并尽可能减少电缆线路与其他各种地下设施管线的交叉。（√）

Je4B1157 电缆敷设时要考虑尽可能避免外力损伤电缆的情况。（√）

Je4B1158 在多震地区应采用有金属护套的电缆，避免安装塑料电缆。（×）

Je4B1159 电缆敷设在桥上无人可触及处，可裸露敷设，但上部需加遮阳罩。（√）

Je4B1160 杂散电流流过电缆护层时，不会产生电解腐蚀。（×）

Je4B1161　牵引网套是在电缆牵引时将牵引力过渡至电缆的金属护套或塑料外护层上的一种连接工具。（√）

Je4B1162　电缆输送机具有结构紧凑、质量轻、推力大的特点，可有效保证电缆敷设质量。（√）

Je4B2163　防捻器的一侧如果受到扭矩时可以自由转动，这样就可以及时消除钢丝绳或电缆的扭转应力。（√）

Je4B2164　电力电缆接头接地线应使用截面大于 $16mm^2$ 的导线。（×）

Je4B2165　一般滚动摩擦系数比滑动摩擦系数小，为此在牵引电缆中，应尽量将滑动摩擦转成滚动摩擦。（√）

Je4B2166　热收缩材料是多种功能高分子材料共同混合构成多相聚合物，用添加剂改性获得所需要的性能。（√）

Je4B2167　交联聚乙烯绝缘电缆与聚氯乙烯绝缘电缆的施工工艺完全不相同。（×）

Je4B2168　直流电动机启动时，常在电枢电路中串入附加电阻，其目的是为增大启动转矩。（×）

Je4B2169　电力电缆芯线连接采用点压时，压坑顺序为先外后内，采用围压时，顺序为先内后外。（√）

Je4B2170　金属电缆保护管采用焊接连接时，应采用短管套接。（√）

Je4B2171　直埋电缆敷设后，应绘制实际线路图，作为交接验收的技术资料。（√）

Je4B2172　阻燃电缆又称难燃电缆，现在主要有低盐酸高阻燃电缆和低烟无卤阻燃电缆。（√）

Je4B2173　电缆故障接头恢复后，可不必核对相位，经耐压试验合格后，即可恢复运行。（×）

Je4B2174　连接两种不同型号电缆的接头称为中间接头。（×）

Je4B2175　连接两段相同型号电缆的接头称过渡接头。（×）

Je4B2176　35kV 户外电缆终端头、引线之间及引线与接

地体之间的距离为 0.3m。（×）

Je4B2177 电缆隧道应有良好的通风措施，以使隧道温度不会太高。（√）

Je4B2178 波阻抗衰减常数、相移常数称为电缆的二次参数。（√）

Je4B3179 电缆的额定电压越高，电场强度越大，空气游离作用就越少。（×）

Je4B3180 对于固定敷设的电力电缆，其连接点的抗拉强度要求不低于导体本身抗拉强度的 70%。（×）

Je4A3181 在电缆线路上装设零序电流互感器时，电缆终端头接地线必须自上而下穿过零序电流互感器且接地线采用绝缘导线。（√）

Je4A3182 单向晶闸管在交流电路中，不能触发导通。（×）

Je4A3183 电缆绝缘的缺陷之一是绝缘中存在气泡或气隙，这会使绝缘在工作电压下发生局部放电而逐步扩展使绝缘损坏。（√）

Je4A3184 电缆绝缘的缺陷可分为集中性和分布性两大类。（√）

Je4A3185 直流耐压试验与泄漏电流测试的方法是一致的，因此只需一种试验就行。（×）

Je4B3186 电化树枝的产生是由于孔隙中存在含硫或其他化学成分的溶液。（√）

Je4B3187 在多条并列敷设的电缆，要从中判断出哪一条是停电的电缆，可用感应法将电缆判别出来。（√）

Je4A4188 电缆在试验时发生击穿故障，其故障电阻应可用兆欧表测得。（√）

Je4A4189 必须定期对高压单芯电缆的外护层绝缘进行测试。（√）

Je4A4190 在开挖电缆沟的施工中，工作人员之间应保持

一定的安全距离，防止相互碰伤。（√）

Je4B4191 布绝缘胶带的耐压强度可以在交流 1kV 电压下保持 1min 不击穿。（√）

Jf4B1192 《电业安全工作规程》规定在 10kV、110kV 电压等级下人身与带电体的安全距离分别为 0.4m 和 1.0m。（×）

Jf4B1193 电气设备分为高压和低压设备两种，即对地电压为 250V 及以上者为高压设备，在 250V 以下者为低压设备。（√）

Jf4B2194 利用鼠标进行输入工作时，一般只用左键。（√）

Jf4B2195 所谓电焊弧就是利用电弧光使焊件和焊条熔化，将两块金属板连接起来。（×）

Jf4B2196 钢丝绳直径磨损不超过 30%，允许根据磨损程度降低拉力继续使用，超过 30% 应报废。（√）

Jf4B2197 试验现场应装设围栏，向外悬挂"止步，高压危险"警告牌，并派人看守，勿使外人接近或误入试验现场。（√）

Jf4B3198 带有保持线圈的中间继电器分为两种：一种是电压启动电流保持的中间继电器，另一种是电流启动电压保持的中间继电器。（√）

Jf4B3199 使用千斤顶时，千斤顶的顶部与物体的接触处应垫铁板，避免顶坏物体和防滑。（√）

Jf4B4200 功率表是测量负载功率的仪表，应把功率表的电流线圈串在电路中，而把电压线圈并在电路中。（√）

La3B2201 当三相负载越接近对称时，中性线中的电流就越小。（√）

La3B3202 在纯电感单相交流电路中，电压超前电流 90° 相位角；在纯电容单相交流电路中，电压滞后电流 90° 相位角。（√）

La3B3203 空气断路器和交流接触器均能长时间过负荷

运行。（×）

La3B4204　10kV 系统一相接地后，非接地相的对地电压为线电压。（√）

La3B5205　电介质在电场作用下的物理现象主要有极化、电导、损耗和击穿。（√）

Lb3B2206　吸收比是判断电缆好坏的一个主要因素，吸收比越大电缆绝缘越好。（√）

Lb3B2207　按运行需要，测量敷设后的电缆的电气参数主要有：电容、交直流电阻及阻抗。（√）

Lb3B2208　绝缘材料的电阻随温度的升高而升高，金属导体的电阻随温度的升高而降低。（×）

Lb3B2209　单芯交流电缆的护层不可采用钢铠，应采用非磁性材料。（√）

Lb3B3210　110kV 以上运行中的电缆其试验电压为 5 倍额定电压。（×）

Lb3B3211　我国目前生产的最高电压等级电缆为 500kV。（√）

Lb3B3212　电缆在直流电压与交流电压作用下的绝缘相同。（×）

Lb3B3213　电缆的绝缘结构与电压等级有关，一般电压等级越高，绝缘越厚，但不成正比。（√）

Lb3B3214　电缆在恒定条件下，其输送容量一般是根据它的最高工作温度来确定的。（√）

Lb3B3215　由于铝的导电系数较铜为高，在同样的长度和电阻下，铝制导体的截面积约为铜的 1.65 倍。（×）

Lb3B3216　电缆二芯接地故障时，允许利用一芯的自身电容作声测试验。（×）

Lb3B4217　聚乙烯的绝缘性能不比聚氯乙烯好。（×）

Lb3B4218　电缆试验地点周围应设围栏，以防无关人员接近。（√）

Lb3B4219 绝缘材料的耐热等级,根据某极限工作温度分为 7 级,其中 Y 为 90℃。(√)

Lb3B4220 对有剧烈振动的机房场地及移动机械应配用铝芯电缆。(×)

Lb3B4221 电力电缆的终端设计,主要需考虑改善电缆终端的电场分布。(√)

Lb3B5222 电缆事故报告中,事故修复终止时间指电缆安装及试验完毕。(×)

Lb3B5223 电缆电容电流的大小在固定频率下与系统电压及电缆的电容量成正比。(×)

Lc3B2224 工作票签发人可以兼任该项工作的监护人。(×)

Lc3B3225 滤波就是把脉冲的直流电中的部分交流成分去掉。(√)

Lc3B3226 LC 正弦波振荡器的品质因数越高,振荡回路所消耗的能量就越小。(√)

Lc3B4227 测量误差有 3 种,即系统误差、偶然误差和疏失误差。(√)

Jd3B2228 在杆塔和建筑物附近挖电缆沟时,应有防止沟边倒塌的措施。(√)

Jd3B3229 电力电缆长期允许的载流量除了与电缆本身的材料与结构有关外,还取决于电缆的敷设方式和周围环境。(√)

Jd3B3230 电缆直埋敷设,当不同电压等级电缆相互交叉时,高电压等级电缆应从低电压等级电缆上面通过。(×)

Jd3B4231 电缆长期允许载流量具有一个"标准条件"限定,一般来讲,这个"标准条件"中的空气温度为 20℃。(×)

Jd3B4232 当系统发生短路时,电缆线路有压接的中间接头其最高允许温度不宜超过 180℃。(×)

Jd3B5233 封闭式电缆终端分为 GIS 电缆终端和油中电

缆终端两种。（√）

Je3B2234 每根电力电缆应单独穿入一根管内，但交流单芯电力电缆不得单独穿入钢管。（√）

Je3B2235 当电缆导线中有雷击和操作过电压冲击波传播时，电缆金属护套会感应产生冲击过电压。（√）

Je3B2236 交叉互联的电缆线路必须装设回流线。（×）

Je3B2237 产品质量的特性，概括起来主要有性能、寿命、可靠性、安全性和经济性等。（√）

Je3B3238 电缆线路的中部，装设一个绝缘接头，使电缆两端的金属护套轴向绝缘。（√）

Jc3B3239 35kV 交联聚乙烯电缆的工厂例行试验之一是局部放电试验，在施加 $1.73U_0$ 时，局部放电量应不超过 10pC。（√）

Je3B3240 交叉互联的电缆线路感应电压低、环流小。（√）

Je3B3241 防火封堵是限制火灾蔓延的重要措施。电缆穿越楼板、墙壁或盘柜孔洞以及管道两端，要用防火堵料封堵。封堵材料厚度应不小于 100mm，并严实无气孔。（√）

Je3B3242 非直接接地一端护套中的感应电压不应超过150V。（×）

Je3B3243 预算定额的直接费用由人工费、材料费、机械费三部分组成。（√）

Je3B3244 在 220kV 架空线附近用吊车装卸电缆盘，吊车的活动范围（包括所起吊的电缆盘）与架空线的最小间隔距离应不小于 4m。（×）

Je3B3245 户内电缆头在预防试验中被击穿，可进行拆接和局部修理，一般可不进行清除潮气。（×）

Je3B3246 绝缘子表面涂憎水性的涂料，目的是减少泄漏电流，提高污闪电压。（√）

Je3B4247 电力电缆的额定电压必须不小于其运行的网

络额定电压。（√）

Je3B4248 电容式内绝缘的特点是：在终端头内绝缘中附加了电容元件，使终端头电场分布更合理，并减小终端头的结构尺寸。（√）

Je3B4249 电缆泄漏电流有表面泄漏电流和体积泄漏电流之分，我们测量的是表面泄漏电流。（×）

Je3B4250 110kV 以上电缆的外护层主要是防止金属护套无绝缘作用。（×）

Je3B4251 过负荷是电缆过热的重要原因。（×）

Je3B4252 半导电屏蔽层在电缆中能起到屏蔽电场、减少气隙局部放电、提高绝缘材料击穿强度的作用。（√）

Je3B4253 声测法是利用直流高压试验设备向电容器充电、储能。当电压达到某一数值时，经过放电间隙向故障线芯放电。（√）

Je3B4254 生效后的事故报告，须在 10 天内上报上级安监部门审批备案。（√）

Je3B4255 事故报告应由事故发生部门的专业技术人员填写，经专职安监工程师审核。（√）

Jf3B2256 变压器低压中性点直接接地的 380/220V 系统，低压中性点接地电阻不得超过 10Ω。（×）

Jf3B3257 直流耐压试验前和试验后，都必须将被测试物体先经电阻对地放电，再直接对地放电。（√）

Jf3B3258 当 Excel 输入的数字被系统识别为正确时，会采用靠右对齐方式。（√）

Jf3B4259 硅整流管在稳压电路中必须工作在饱和区。（×）

Jf3B5260 电压互感器至保护盘二次电缆的压降不应超过 3%。（√）

La2B3261 1kV 及以下中性点接地系统的电气设备均应采用保护接零、接地措施。（√）

La2B4262　日光灯并联电容器的目的是改善电压,增加感性阻抗便于启动。(×)

Lb2B2263　水底电缆应采用整根的电缆,中间不允许有软接头。(×)

Lb2B2263　水底电缆应采用整根的电缆,中间不允许有软接头。(×)

Lb2B3264　电压继电器是一种按一定线圈电压值而动作的继电器,电压继电器在电路中与电源并联使用。(√)

Lb2B3265　电缆故障的定点方法主要有两种:感应法、声测法。(√)

Lb2B4266　三相两元件电能表用于三相三线制供电系统中,不论三相负荷是否平衡,均能准确计量。(√)

Lb2B4267　只要压接工具的压力能达到导线蠕变强度,不论点压、围压都可采用。(√)

Lb2B5268　电力电缆检修后,验收时如有的设备个别项目未达验收标准,而系统急需投入运行时,不需经主管局总工程师批准。(×)

Lc2B4269　雷电对线路的危害,表现为直击雷过电压和感应雷过电压。(√)

Jb2B3270　用机械牵引放电缆时,应事先订好联络信号,工作人员应站在安全位置,精神集中听从统一指挥。(√)

Jb2B4271　金属套一端接地,另一端装有护层保护器的单芯电缆主绝缘作直流耐压试验时,必须将护层保护器短接,使这一端的电缆金属护套临时接地。(√)

Je2B2272　在直流电压和交流电压作用下,电缆内部电场分布情况不同,在直流电压作用下,电场按绝缘电阻系数呈反比例分配;在交流电压下,电场按介电常数呈正比例分配。(×)

Je2B3273　按带电作业规定,带电作业时电缆线路(含相连的架空线)的电容电流不得大于 10A。(×)

Je2B3274　运行电缆事故主要分为特大事故、重大事故、

一般事故、一类障碍和二类障碍五种类型。(√)

Je2B4275 利用校正仪器的波速度方法,可以检查电缆导体的连续性。(√)

Je2B4276 电缆线路故障性质区分为接地故障、短路故障、断路故障、闪络性故障、混合故障。(√)

Je2B4277 电气化铁轨附近是产出杂散电流较多的地区,如电缆必须穿过铁轨时,应在电缆外面加装绝缘遮蔽管。(√)

Je2B5278 电阻电桥法可以用来测试电缆的三相低阻故障。(×)

Jf2B3279 在 LC 串联电路中,若 $X_L > X_C$,则电路呈容性;若 $X_L < X_C$,则电路呈感性,若 $X_L = X_C$,则电路呈线性。(×)

Jf2B4280 DELETE 命令可以对记录进行逻辑删除,必要时可对它进行恢复。(√)

La1B4281 有四个容量为 10μF,耐压为 10V 的电容器,为提高耐压,应采取串接方法。(√)

La1B5282 正弦交流电的三种表示方法是解析法、曲线法、旋转矢量法。故障闪测仪。(√)

La1B5283 电力系统发生故障时,其短路电流为电容性电流。(×)

Lb1B3284 T–903 型故障测距仪,应用低脉冲法的原理,在低压脉冲反射的工作方式下,可对电缆的断线、低阻、接低、短路故障进行测距。(√)

Lb1B4285 电缆线路检修计划完成后,要建立资料档案,作为今后编制检修计划的样本。(×)

Lb1B4286 当电流密度超出规定的范围,就须采取限制方法。加强电缆外护层与杂散电流的绝缘,限制杂散电流的产生。(√)

Lb1B5287 交联聚乙烯是将聚乙烯分子从直链状态变为三维的网状结构。(√)

Lb1B5288 阻燃电缆和耐火电缆都是具有防火性能的电

缆，两者在结构和性能上没有区别，可以根据环境要求任选其中一种。（×）

Lc1B4289 斜视图就是将物体向不平行于任何基本投影面的平面投影所得到的视图。（√）

Jd1B4290 牵引超高压交联电缆，牵引头应压接在导体上，与金属套的密封必须采取铅焊，应能承受与电缆本体相同的牵引力。（√）

Jd1B5291 10kV 交联乙烯电缆导体屏蔽标称厚度应为0.8mm，最小厚度应不小于0.6mm。（×）

Je1B2292 电缆盘应平稳放置及固定在托板上，外护板或托盘的固定应采用焊接。（×）

Je1B3293 500kV 超高压电缆接地线截面积不应小于150mm^2。（√）

Je1B4294 当供给感应电动机的系统中发生短路时，电流未断开前电机能向短路点送电流。（√）

Je1B4295 电缆主绝缘的耐压试验，可选用串联谐振或变频谐振进行耐压试验。（√）

Je1B4296 采用脉冲反射技术原理测试电缆故障的方法称为现代法，除此以外，均为经典法。（√）

Je1B5297 塑料电缆发生树枝放电，主要有电树枝和水树枝两种。（×）

Je1B5298 在电缆终端和接头中，当应力锥轴向长度确定时，增绕绝缘半径越大，沿应力锥表面轴向场强也越大，因此，增绕绝缘的"坡度"不能太陡。（√）

Jf1B4299 电容器充电后，移去直流电源，把电流表接到电容器的两端，则指针会来回摆动。（×）

Jf1B5300 当电缆终端接地点位于零序电流互感器上方时，终端接地线要用绝缘导线，但不能穿过零序电流互感器。（×）

4.1.3　简答题

La5C1001　基尔霍夫第一定律的基本内容是什么？

答：基本内容是研究电路中各支路电流之间的关系。（2分）电路中任何一个节点（即3个以上的支路连接点叫节点）的电流其代数和为零，其数学表达式为$\Sigma I=0$。（2分）规定一般取流入节点的电流为正，流出节点的电流为负。（2分）

La5C1002　基尔霍夫第二定律的基本内容是什么？

答：基本内容是研究回路中各部分电压之间的关系。（2分）对于电路中任何一个闭合回路内，各段电压的代数和为零。（1分）规定电压方向与绕行方向一致者为正，相反取负。（1分）其数学表达式为$\Sigma U=0$，或$\Sigma E=\Sigma IR$即任一闭合回路中各电阻元件上的电压降代数和等于电动势代数和。（2分）

La5C1003　遇到电气设备着火时，应怎么办？

答：遇到电气设备着火时应立即将有关设备的电源切断，然后进行救火。（1.5分）对带电设备应使用干式灭火器、二氧化碳灭火器等灭火，不得使用泡沫灭火器灭火。（1.5分）对注油设备应使用泡沫灭火器或干燥沙子灭火。（1.5分）发电厂和变电所控制室内应备有防毒面具，防毒面具要按规定使用并定期进行试验，使其经常处于良好状态。（1.5分）

Lc5C2004　电路有哪些部分组成？其各部分作用如何？

答：电路一般由四部分组成：① 电源：发电设备，作用是把其他形式的能转变为电能。（1.5分）② 负载：用电设备，作用是把电能转变为其他形式的能。（1.5分）③ 辅助设备：如开关、线路保护设备，起控制、保护等作用。（1.5分）④ 导线：连接电源，负载，辅助设备等构成电路。（1.5分）

Lc5C2005 什么是交流电和正弦交流电？

答：大小和方向随时间作有规律变化的电压和电流称为交流电。（3分）正弦交流电是随时间按照正弦函数规律变化的电压和电流。（3分）

La5C3006 什么是全电路欧姆定律？

答：全电路欧姆定律是：在闭合电路中的电流与电源电压成正比，与全电路中总电阻成反比。（3分）用公式表示为：$I=E/(R+R_i)$。（3分）

Lb5C1007 电缆导体线芯的几何形状有哪几种？

答：（1）圆形线芯；（1.5分）

（2）中空圆形线芯；（1.5分）

（3）扇形线芯；（1.5分）

（4）弓形线芯。（1.5分）

Lb5C1008 请说出塑料绝缘类电缆分为哪几种型号以及分别适用于哪几种电压等级。

答：（1）聚氯乙烯绝缘型，适用于低电压等级；（2分）

（2）聚乙烯绝缘型，适用于低、中电压等级；（2分）

（3）交联聚乙烯绝缘型，适用于低、中、高电压等级。（2分）

Lb5C1009 电缆外护层就具有的"三耐"、"五护"功能是什么？

答：（1）要求电缆外护层具有的"三耐"功能是耐寒、耐热、耐油。（3分）

（2）"五防"功能是防潮、防雷、防鼠、防蚁、防腐蚀。（3分）

Lb5C1010 直埋电缆有什么优点？适用哪些地区？

答：（1）直埋地下敷设其最大优点就是经济，敷设简便，施工速度快，技术易掌握，是目前广泛采用的敷设方式；（3分）

（2）适用于郊区和车辆通行不太频繁的地区。（3分）

Lb5C1011 低压电缆为什么要有中性线？

答：（1）保护接地；（3分）

（2）通过不平衡电流。（3分）

Lb5C1012 交联聚乙烯电缆所用线芯为什么采用紧压型线芯？

答：（1）使外表面光滑，防止导丝效应，避免引起电场集中；（1.5分）

（2）防止挤塑半导体电屏蔽层时半导体电料进入线芯；（1.5分）

（3）可有效地防止水分顺线芯进入；（1.5分）

（4）有利弯曲。（1.5分）

Lb5C1013 交联聚乙烯电缆采用多芯圆绞线,其优点是什么？

答：（1）电场较扇形导体电场均匀，对电缆提高电压等级有利；（3分）

（2）增加导体的柔软性和可曲度，由多根导线绞合的线芯柔性好，可曲度较大。（3分）

Lb5C1014 请说出 YJV30 电缆名称、特性及使用范围。

答：（1）该电缆为交联乙烯绝缘、铜芯、聚氯乙烯护套、裸细钢丝铠装电缆；（3分）

（2）用于室内、隧道内及矿井中，能承受机械橡皮力作用，能承受相当拉力。（3分）

Lb5C1015　何谓电缆长期允许载流量？

答：电缆长期允许载流量是指电缆内通过规定的电流时，
（3分）在热稳定后，电缆导体达到长期允许工作温度时的电流
数值。（3分）

Lb5C1016　请写出 ZRVV22、RVV 电缆名称。

答：（1）ZRVV22 表示聚氯乙烯绝缘钢带铠装聚氯乙烯护
套；（3分）

（2）RVV 表示铜芯聚乙烯绝缘聚氯乙烯护套连接软电缆。
（3分）

Lb5C2017　对电缆的存放有何要求？

答：（1）电缆应储存在干燥的地方；（1.5分）

（2）有搭盖的遮棚；（1.5分）

（3）电缆盘下应放置枕垫，以免陷入泥土中；（1.5分）

（4）电缆盘不许平卧放置。（1.5分）

**Lb5C2018　制作安装电缆接头或终端头对气象条件有何
要求？**

答：（1）制作安装应在良好的天气下进行；（3分）

（2）尽量避免在雨天、风雪天或湿度较大的环境下施工，
同时还有防止尘土和外来污物的措施。（3分）。

Lb5C2019　塑料绝缘电力电缆具有哪几项优点？

答：（1）制造工艺简单；（1.5分）

（2）不受敷设落差影响；（1.5分）

（3）工作温度可以提高；（1分）

（4）电缆的敷设、接续、维护方便；（1分）

（5）耐化学腐蚀。（1分）

Lb5C2020 目前电缆产品中广泛使用的绝缘材料的种类有哪些？

答：（1）油浸纸绝缘电缆；（1.5分）

（2）橡胶绝缘电缆；（1分）

（3）聚氯乙烯绝缘电缆；（1分）

（4）聚乙烯绝缘电缆；（1分）

（5）交联聚乙烯电缆。（1.5分）

Lb5C2021 巡查敷设在地下的电缆时，主要查哪些地方？

答：（1）对敷设在地下的电缆线路，应查看路面是否正常，有无挖掘现象；（3分）

（2）线路标准是否完整无缺等。（3分）

Lb5C2022 直埋敷设于非冻土地区时，电缆埋置深度应符合哪些规定？

答：（1）电缆外皮至地下构筑物基础，不得小于 0.3m。（2分）

（2）电缆外皮至地面深度，不得小于 0.7m；（2分）当位于车行道或耕地下时，应适当加深，且不宜小于 1m。（2分）

Lb5C2023 为什么要测电缆的直流电阻？

答：（1）测直流电阻可以检查导体截面积是否与制造厂的规范相一致；（2分）

（2）电缆总的导电性能是否合格；（2分）

（3）导体是否断裂、断股等现象存在。（2分）

Lb5C2024 电缆在进行直流耐压试验时，升压速度为什么不能太快？

答：（1）试验时如果升压速度太快，会使充电电流过大，而损坏试验设备；（2分）

（2）同时击穿电压随着升压速度的升高，会有所降低，而使试验结果不准；（2分）

（3）因此，一般控制升压速度在 1～2kV/s。（2分）

Lb5C2025　耐压前后为什么要测量电缆绝缘电阻？

答：（1）因从绝缘电阻的数值可初步判断电缆绝缘是否受潮、老化。（3分）

（2）耐压后可以判断由耐压试验检查出的缺陷的性质。（3分）

Lb5C3026　内护套的作用和要求有哪些？

答：（1）内护套的作用是密封和防腐；（2分）

（2）应采用密封性好、不透气、耐热、耐寒、耐腐蚀材料；（2分）

（3）要有一定机械强度，且柔软又可多次弯曲，容易制造和资源多的材料。（2分）

Lb5C3027　兆欧表的转速对测量有什么影响？

答：（1）使用兆欧表时，应使平摇发电机处于额定转速，一般为 120r/min；（3分）

（2）如果转速不衡定，会使兆欧表指针摆动不定，带来测量上的误差。（3分）

Lb5C3028　在哪些情况下采用排管敷设？有何优点？

答：（1）排管敷设一般用在与其他建筑物、公路或铁路相交叉的地方，有时也在建筑密集区或工厂内采用。（3分）

（2）主要优点是占地小，能承受大的荷重，电缆相互间互不影响，比较安全。（3分）

Lb5C4029　电缆终端的绝缘应有什么特性？

答：（1）终端的额定电压及其绝缘水平，不得低于所连接电缆额定电压及其要求的绝缘水平。（3分）

（2）终端的外绝缘，应符合安置处海拔高程、污秽环境条件所需泄漏比距的要求。（3分）

Lb5C4030 电缆保护管应符合哪些要求？

答：（1）内壁光滑无毛刺。（1.5分）

（2）满足使用条件所需的机械强度和耐久性。（1.5分）

（3）需穿管来抑制电气干扰的控制电缆，应采用钢管。（1.5分）

（4）交流单相电缆以单根穿管时，不得用未分隔磁路的钢管。（1.5分）

Lc5C1031 电气测量仪表的用途是什么？

答：用途是保证电力系统安全经济运行的重要工具之一，（2分）是变电值班人员监督设备运行状态的依据，（2分）是正确统计地区负荷积累资料和计算生产指标的基本数据来源。（2分）

Lc5C1032 钻夹头由哪几部分组成？工作原理如何？

答：钻夹头由本体、夹头套、对合螺纹圈和夹爪四部分组成。（3分）其工作原理是：它通过旋转手柄使3个夹爪张开或靠拢，从而将钻头松开或夹紧。（3分）

Lc5C2033 为什么电力在国民经济中会得到广泛应用？

答：具有以下优点：

（1）能量转换容易，可转换为多种形式的能量。（2分）

（2）输送方便。（2分）

（3）没有污染。（2分）

Lc5C2034　触电时对人体伤害的严重程度与哪些因素有关？其中最主要的因素是什么？

答：（1）与流过人体电流的大小、电流频率、电流通过人体的持续时间，电流通过人体的路径以及人体的健康状况等因素有关。（4分）

（2）其中最主要因素是流过人体电流的大小。（2分）

Lc5C3035　简述电力系统中一、二次系统的组成。

答：一次系统是指由发电机、送电线路、变压器、断路器等发电、输电、变电及配电等设备组成的系统。（3分）二次系统是由继电保护、安全自动控制、信号测量、仪表系统、通信及调度自动化等组成的系统。（3分）

Lc5C4036　什么是电气主接线？

答：是发电厂或变电站中，主要电气设备和母线的连接方式。（3分）包括主母线和厂（所）用电系统按一定的功能要求的连接方式。（3分）

Jd5C1037　与架空线路相比，电缆线路具有哪些优点？

答：电缆线路与架空线相比具有以下优点：

（1）电缆线路能适应各种敷设环境，敷设在地下，基本上不占用地面空间，同一地下电缆通道，可以容纳多回电缆线路。（1分）

（2）电缆线路供电可靠性较高，对人身比较安全。自然因素（如风雨、雷电、盐雾、污秽等）和周围环境对电缆影响很小。（1分）

（3）在城市电网中电缆隐蔽于地下能满足美化市容的需要。（1分）

（4）电缆线路运行维护费用较小。（1分）

（5）电缆的电容能改善电力系统功率因数，有利于降低供

电成本。（1分）

Jd5C1038 如何进行电缆敷设用钢管的连接工作？

答：（1）电缆管的连接，必须用丝扣和管接头连接。（3分）

（2）若采用焊接时，不能直接对焊，连接处要套一段粗管再进行焊接，以免焊渣进入管内。（3分）

Jd5C1039 用压钳进行冷压时，压接程度如何掌握？

答：（1）压接程度以上、下模接触为佳，一经接触不宜继续加压，以免损坏模具；（3分）

（2）但每压完一个坑后，应保持压力状态（停留5～30s），以保持被压接的金属的变形状态稳定。（3分）

Jd5C2040 电缆线盘在移动前应做哪些检查？

答：（1）电缆线盘在移动前应检查线盘是否牢固；（2分）

（2）电缆两端应固定，线圈不应松弛；（2分）

（3）有时由于电缆长期存放或保管不善，线松散，搬运时容易造成电缆操作或线盘松散无法放线，此时应更换线盘。（2分）

Jd5C2041 发现巡查的电缆线路有无缺陷，巡查人员应如何处理？

答：（1）在巡视检查电缆线路中，如发现有较小缺陷或普遍性缺陷时，应记入缺陷记录簿内，据此安排编制维护小修或年度大修计划。（3分）

（2）发现重要缺陷，应立即报告主管人员，做好记录，填写重要缺陷通知单，运行管理人员接到报告后及时采取措施，消除缺陷。（3分）

Jd5C2042 使用电工钢丝钳时应注意什么？

94

答：（1）钢丝钳只能剪断直径 4mm 以下的铜、铁丝或钢绞线中的钢芯；（2分）

（2）不得用其剪硬度高或直径较大的合金钢丝及螺丝；（2分）

（3）使用要平握，上下用力，不得左右扭摆以防扭坏钳柄上的绝缘套。（2分）

Jd5C3043 请写出 **YJV-110** 电缆的名称及使用范围。

答：（1）这是一条铜芯交联聚乙烯绝缘聚氯乙烯护套、额定电压 110kV 电力电缆；（3分）

（2）敷设在隧道或管道中，不能承受拉力和压力。（3分）

Jd5C4044 请说出 **ZR-VV$_{22}$** 电缆名称和使用范围。

答：（1）该电缆为一条铜芯阻燃聚氯乙烯绝缘聚氯乙烯护套钢带铠装电力电缆；（3分）

（2）敷设于室内、隧道、桥梁、电缆沟等场合，能承受径向外力，但不能承受拉力。（3分）

Je5C1045 影响泄漏电流大小的因素除了与本身绝缘质量有关外，还包括哪些因素？

答：（1）不同试验线路的影响；（1.5分）

（2）高压端引线的影响；（1.5分）

（3）温度的影响；（1.5分）

（4）表面泄漏的影响。（1.5分）

Je5C1046 用兆欧表测量电缆绝缘电阻应如何接线？

答：（1）兆欧表的接线柱有"线路"（L）、"接地"（E）、"屏蔽"（G）三个；（1.5分）

（2）测量电缆绝缘电阻时，为使测量结果准确，消除线芯绝缘表层泄漏电流所引起的误差，应将（G）接线柱引起接到

电缆的绝缘纸层上；（1.5 分）

　　（3）（L）接线芯上；（1.5 分）

　　（4）（E）接金属护层或"相线芯"。（1.5 分）

Je5C1047　怎样使用相序表？

　　答：（1）使用时先将仪器的三个接线柱和供电线路的三相导线相连接，按下按钮，圆盘旋转的方向若和仪表上箭头所指方向（顺时针旋转）相同，即表示三相交流电源的相序和仪器接线柱上所标的，从左到右的相序 A、B、C 相同；（3 分）

　　（2）反之，圆盘旋转方向和箭头相反（逆时针旋转）则为逆相序，即从右到左的次序 C、B、A。（3 分）

Je5C1048　怎样做好水底电缆线路防护工作？

　　答：（1）对于水底电缆线路按水域管辖部门的航行规定，划定一定宽度的防护区，禁止船只抛锚；（2 分）

　　（2）并按船只往来频繁情况，必要时设置瞭望岗哨，配置能引起船只注意的设施；（2 分）

　　（3）在水底电缆线路防护压内，发生违反航行规定的事件，应通知水域管辖部门，尽可能采取有效措施。（2 分）

Je5C1049　锯电缆前应做好哪些工作？

　　答：（1）锯电缆前，必须与电缆图纸核对是否相符；（1.5 分）

　　（2）并确切证实电缆无电；（1.5 分）

　　（3）用接地的带木柄的铁钉钉入电缆芯；（1.5 分）

　　（4）此后方可工作，扶木柄的人应戴绝缘手套并沾在绝缘垫上。（1.5 分）

Je5C1050　进电缆工井前应做好哪些安全措施？

　　答：（1）排除井内浊气；（1.5 分）

（2）井下工作应戴安全帽；（1.5 分）

（3）做好防火、防水的措施；（1.5 分）

（4）防止高空落物。（1.5 分）

Je5C1051　电缆导体连接的具体要求是什么？

答：（1）连接点的电阻小而稳定；（1.5 分）

（2）连接点具有足够的机械强度；（1.5 分）

（3）连接点应抗腐蚀；（1 分）

（4）连接点应能耐振动；（1 分）

（5）连接点应连续、光滑、无毛刺。（1 分）

Je5C1052　冷缩电缆头具有哪些独特的优点？

答：（1）提供恒定持久的径向压力；（1 分）

（2）与电缆本体同"呼吸"；（1 分）

（3）不需明火加热，使施工更方便、更安全；（1 分）

（4）绝缘裕度大，耐污性能好；（1 分）

（5）采用独特的折射扩散法处理电应力，控制了轴向本体；（1 分）

（6）无需胶粘，即可密封电缆本体。（1 分）

Je5C1053　NH-YJY-8.7/10kV　电缆表示它是什么结构？主要用于什么地方？

答：它是交联聚乙烯或硅烷交联乙烯纤维云母复合绝缘耐火电力电缆。（2 分）

用于石油、化工、冶金、发电厂、输变电工程、高层建筑、地铁、通信站、核工、军工、航空、隧道、高科研、消防系统等地方。（少答一项扣 0.5 分，扣完为止）

Je5C1054　如何处理电力电缆和控制电缆在同一托架的敷设？

答：(1) 电力电缆和控制电缆一般不应敷设在同一托架内；(3分)

(2) 当电缆较少而将控制与电力电缆敷设在同一托架内时，应用隔板隔开。(3分)

Je5C1055　电缆支架有哪些要求？

答：(1) 表面光滑无毛刺；(1.5分)

(2) 适应使用环境的耐久稳固；(1.5分)

(3) 满足所需的承载能力；(1.5分)

(4) 符合工程防火要求。(1.5分)

Je5C1056　请写出 YJLV43 电缆的名称、特性及使用范围。

答：(1) 这是一条交联聚乙烯绝缘、铝芯、聚氯乙烯护套、粗钢丝铠装电力电缆；(3分)

(2) 敷设于竖井和海底，能承受拉力。(3分)

Je5C2057　电缆长期允许载流量与哪些因素有关？

答：(1) 电缆导体的工作温度；(1.5分)

(2) 电缆各部分的损耗和热阻；(1.5分)

(3) 敷设方式；(1.5分)

(4) 环境温度和散热条件。(1.5分)

Je5C2058　较长电缆管路中的哪些部位，应设有工作井？

答：(1) 电缆牵引张力限制的间距处；(1.5分)

(2) 电缆分支、接头处；(1.5分)

(3) 管路方向较大改变或电缆从排管转入直埋处；(1.5分)

(4) 管路坡度较大且需防止电缆滑落的必要加强固定处。(1.5分)

Je5C2059　电缆固定用部件应符合哪些规定？

答：（1）除交流单相电力电缆情况外，可采用经防腐处理的扁钢制夹具或尼龙扎带、镀塑金属扎带。强腐蚀环境，应采用尼龙或镀塑金属扎带。（1.5分）

（2）交流单相电力电缆的刚性固定，宜采用铝合金等不构成磁性闭合回路的夹具；其他固定方式，可用尼龙扎带、绳索。（1.5分）

（3）不得用铁丝直接捆扎电缆。（1分）

Je5C2060　要想提高电缆载流量应从哪些方面考虑？

答：（1）增大线芯截面，线芯采用高导电材料；（1分）

（2）提高电缆绝缘工作温度，采用高温绝缘材料；（1分）

（3）提高绝缘材料工作增强，减薄绝缘厚度；（1分）

（4）采用纸介损材料，降低损耗；（1分）

（5）减少电容电流；（1分）

（6）改善敷设条件，如保持电缆周围土壤潮湿度，或采取冷却。（1分）

Je5C2061　用万用表测量交流电压时应注意什么？

答：（1）测量前必须将转换开关拨到对应的交流电压量程档；（2分）

（2）测量时将表笔并联在被测电路两端，且接触应紧密；（1分）

（3）不得在测量中拨动转换开关；（1分）

（4）在电路电压未知情况下，应先用表最高一档测试，然后逐级换用低档直到表针刻度移动至刻度2/3为宜；（1分）

（5）测量1000V以上电压时应使用表笔和引线，且做好安全措施。（1分）

Je5C2062　电力电缆敷设前应做哪些检查（充电电缆除外）？

答：（1）电缆支架齐全，无锈迹；（2分）

（2）电缆型号、电压、规格符合设计；（2分）

（3）电缆绝缘良好，当对油纸电缆的密封有怀疑时，应进行潮湿判断，直埋电缆与水底电缆应直流耐压试验合格。（2分）

Je5C2063 电缆敷设在周期性振动的场所，应采用哪些措施能减少电缆承受附加应力或避免金属疲劳断裂？

答：（1）在支持电缆部位设置由橡胶等弹性材料制成的衬垫；（3分）

（2）使申缆敷设成波浪状且留有伸缩节。（3分）

Je5C2064 请写出 VLV$_{23}$、YJV$_{32}$ 两种电缆名称。

答：（1）VLV$_{23}$ 表示铝芯聚氯乙烯绝缘钢带铠装聚乙烯护套电力电缆；（3分）

（2）YJV$_{32}$ 表示铜芯交联聚乙烯绝缘细钢丝铠装聚氯乙烯护套电力电缆。（3分）

Je5C2065 冷缩附件适用什么电缆？其主要材料是什么？

答：（1）它适用于 35kV 以下电压等级的 XLPE 绝缘电缆；（3分）

（2）主要材料为硅橡胶或三元乙丙橡胶。（3分）

Je5C2066 请列举 6 种常用绳结。

答：① 平扣；② 活结；③ 猪蹄扣；④ 抬扣；⑤ 拴马扣；⑥ 水手；⑦ 瓶扣；⑧ 吊物扣；⑨ 倒物扣；⑩ 背扣。

Je5C2067 说出型号为 ZR-VV421，3×240+1×120 电缆的字母和数字表示的含义？

答：（1）它表示该电缆为铜芯、阻燃、聚氯乙烯绝缘、粗

钢线铠装、聚氯乙烯护套电缆；（3分）

（2）额定电压1kV、三芯、截面为240mm^2、加一芯120mm^{2}的电缆。（3分）

Je5C3068　明敷电缆实施耐火防护方式，应符合哪些规定？

答：（1）电缆数量较少时，可用防火涂料、包带加于电缆上或把电缆穿于耐火管。（3分）

（2）同一通道中电缆较多时，宜敷设于耐火槽盒内，且对电力电缆宜用透气型式，在无易燃粉尘的环境可用半封闭式，敷设在桥架上的电缆防护区段不长时，也可采用阻火包。（3分）

Je5C3069　何为闪络性故障？

答：（1）这类故障大多数在预防性试验中发生，并多出现在电缆中间接头和终端头；（3分）

（2）试验时绝缘被击穿，形成间隙性放电，当所加电压达到某一定值时，发生击穿，当电压降已某一值时，绝缘恢复而不发生击穿，有时还会出现绝缘击后又恢复正常，即使提高试验电压，也不再击穿的现象。（3分）

Je5C3070　电力电缆为什么要焊接地线？

答：（1）由于电缆的金属护套与线芯是绝缘的，当电缆发生绝缘击穿或线芯中流过较大故障电流时，金属护套的感应电压可能使得内衬层击穿，引起电弧，直到将金属护套烧熔成洞；（3分）

（2）为了消除这种危害，必须将金属护套、铠装层电缆头外壳和法兰支架等用导线与接地网连通。（3分）

Je5C3071　简述感应法测定电缆故障原理及适用范围。

答：感应法是给电缆芯通以音频电流，当音频电流通过故

障点时，电流和磁场将发生变化，利用接收装置及音频信号放大设备听测或观察信号的变化，来确定故障点的具体位置。（3分）

这种方法，一般只适用于听测低阻相间短路故障，有时在特殊情况下能听测低阻的接地或断线故障。感应法可用于听测电缆埋设位置、深度及接头盒位置，有助于准确地找出电缆故障。（3分）

Je5C4072　感应法电力电缆故障仪有哪些用途？

答：（1）寻找电缆路径；（1.5分）

（2）测量电缆埋置深度；（1.5分）

（3）寻找电缆接头位置；（1分）

（4）测量低压电阻接地故障；（1分）

（5）测量相同短路故障。（1分）

Je5C4073　在布置 110kV XLPE 电缆线路时应考虑哪些因素？

答：（1）本期工程电缆线路回数，电缆线路三相总长；（1.5分）

（2）每回电缆线路全长，划分段数及各段长度；（1.5分）

（3）各回路之间的距离，每回路内三根电缆的排列方式和相同中心距；（1.5分）

（4）金属屏蔽，金属套接地方式。（1.5分）

Jf5C1074　电气测量仪表的安装原则是什么？

答：必须符合电力系统和电力设备运行监督的要求及仪表本身的安装地点，温度，湿度和安装方法等要求。（4分）力求技术先进，经济合理，准确可靠，监视方便。（2分）

Jf5C1075　使用砂轮机的安全事项有哪些？

答：（1）使用时应戴护目镜、口罩，衣袖要扎紧。（2分）

（2）砂轮机开启后，检查转向是否正确，速度稳定后再作业。（2分）

（3）使用者必须站在砂轮机侧面，手指不可接触砂轮。（2分）

Jf5C1076　什么叫大电流接地系统，其优缺点是什么？

答：大电流接地系统是指中性点直接接地的电力网。当发生单相接地故障时，相地之间就会形成短路，产生很大的短路电流。一般110kV，220kV及以上的为大电流接地系统。（3分）

大电流接地系统的电力网的优点是过电压数值小，中性点绝缘水平低，因而投资小，其缺点是单相接地电流大，必须迅速切断电流，增加了停电机会。（3分）

Jf5C2077　电力系统运行应满足哪些基本要求？

答：（1）保证供电的可靠性。（2分）

（2）保证良好的电能质量。（2分）

（3）保证供电的经济性。（2分）

Jf5C2078　电能表和功率表指示数值有哪些不同？

答：功率表指示的是瞬时的发、供、用电的设备所发出、传送和消耗的电能数，即电功数。（3分）而电能表的数值是累计某一段时间内所发出、传送和消耗的电能数。（3分）

Jf5C3079　各种起重机的吊钩钢丝绳应保持垂直，禁止使吊钩斜着拖吊重物，其原因是什么？

答：因为起重机斜吊会使钢丝绳卷出滑轮槽外，或天车掉道，还会使重物摆动与其他物相撞，以至造成超负荷。（6分）

Jf5C4080　施行人工呼吸法前应做哪些准备工作？

答：（1）检查口鼻中有无异物堵住，如有痰、鼻涕、脱落的假牙、血块黏液等应先迅速除掉，以免妨碍呼吸。（4分）

（2）解衣扣，松裤带，摘假牙等。（2分）

La4C1081 试述右手螺旋定则？

答：若翘起右手拇指指向电流方向时则弯曲四指指示就是磁力线的环形方式，（2分）反之，将弯曲的四指表示电流方向时，则拇指指示方向表示磁力线方向，（2分）前者适用于单根导线，后者适用于螺旋管线圈。（2分）

La4C2082 什么是焦耳—楞次定律？

答：它是指分析和研究电磁感应电动势的重要定律，（2分）闭合线圈中产生的感应电流的方向总使它所产生的磁场阻碍穿过线圈的原来磁通的变化，（2分）也即闭合线圈原来磁通要增加时，感应电流要产生新的磁通反抗它的增加，当磁通要减少时，感应电流要产生新的磁通去反抗它的减少。（2分）

La4C3083 为什么不允许三相四线系统中采用三芯电缆线另加一根导线做中性线的敷设方式？

答：因为这样做会使三相不平衡电流通过三芯电缆的铠装而使其发热，从而降低电缆的载流能力，（3分）另外这个不平衡电流在大地中流通后，会对通信电缆中的信号产生干扰作用。（3分）

Lb4C1084 常用的电缆敷设方式有哪几种？

答：（1）直埋；（1分）

（2）隧道或电缆沟内敷设；（1分）

（3）桥架中敷设；（1分）

（4）水下敷设；（1分）

（5）排管内敷设；（1分）

（6）电缆沿钢丝绳挂设。（1分）

Lb4C1085　写出 10kV 单芯交联聚乙烯电缆的组成。

答：（1）导体；（1分）

（2）屏蔽层；（1分）

（3）交联聚乙烯绝缘层；（1分）

（4）屏蔽层；（0.5分）

（5）内护层；（0.5分）

（6）铜屏蔽线；（0.5分）

（7）铜带层；（0.5分）

（8）铝箔；（0.5分）

（9）聚氯乙烯绝缘护套。（0.5分）

Lb4C1086　电缆支架的主要种类有哪些？

答：（1）圆钢支架；（1分）

（2）角钢支架；（2分）

（3）装配式电缆支架；（1分）

（4）电缆托架；（1分）

（5）电缆桥架。（2分）

Lb4C2087　为了避免外来损坏，电缆路径选择应注意避免什么？

答：（1）尽量避免与其他地下设施交叉；（1分）

（2）远离振动剧烈地区；（1分）

（3）远离有严重酸、碱性地区；（1.5分）

（4）远离有杂散电流区域；（1分）

（5）远离热力源、避免电缆过热。（1.5分）

Lb4C2088　电缆线路保护区的检查项目有哪些？

答：（1）电缆线路上的标志、符号是否完整；（1分）

（2）外露电缆是否有下沉及被砸伤的危险；（1分）

（3）电缆线路与铁路、公路及排水沟交叉处有无缺陷；（1分）

（4）电缆保护区内的土壤、构筑物有无下沉现象，电缆有无外露；（1分）

（5）与电缆线路交叉、并行电气机车路轨的电气连线是否良好；（1分）

（6）有可能受机械或人为损伤的地方有无保护装置；（0.5分）

（7）是否有违反电缆保护区规定的现象。（0.5分）

Lb4C2089　电缆线路维修计划的编制分为哪几类？

答：（1）预防性试验计划；（2分）

（2）日常维修计划；（2分）

（3）大修计划。（2分）

Lb4C2090　单芯交流电缆为何不采用钢带铠装？

答：（1）在载流导体的周围存在着磁场，而且磁力线的多少与通过载流导体的电流成正比；（1.5分）

（2）由于钢带属于磁性材料，具有较高的导磁率，当导体流过电流时，磁力线将沿钢带流通；（1.5分）

（3）对于三相电缆，由于对称三相交流电流的向量和等于零，伴随电流而产生的磁力线也为零，在钢带中不产生感应电流；（1分）

（4）单芯电缆只能通过一相电流，在电流通过时，在钢带中产生交变的磁力线，根据电磁感应原理，钢带中产生涡流，造成电缆温度升高。（2分）

Lb4C2091　电缆井、沟、隧道的检查项目有哪些？

答：（1）电缆井、沟盖是否丢失或损坏，电缆井是否被杂

物覆盖；（1分）

（2）内部是否有积水或其他异常情况；（1分）

（3）其中电缆的中间接头是否有损伤或变形；（1分）

（4）电缆本身的标志是否脱落损失；（1分）

（5）内部空气及电缆的温度是否有异常；（0.5分）

（6）电缆及电缆头是否有损伤，金属外套或钢带是否松弛、受拉力或悬浮摆动；（0.5分）

（7）电缆支架或铠装是否有锈蚀，支架是否牢固；（0.5分）

（8）清洁状态如何。（0.5分）

Lb4C3092　敷设电缆应满足哪些要求？

答：（1）安全运行方面，尽可能避免各种外来损坏，提高电缆线路的供电可靠性；（2分）

（2）经济方面，从投资最省的方面考虑；（2分）

（3）施工方面，电缆线路的路径必须便于施工和投运的维修。（2分）

Lb4C3093　水底电缆线路的巡查周期有何规定？

答：（1）水底电缆线路，由现场根据具体需要规定，如水底电缆直接敷设于河床上，可每年检查一次水底线路情况；（2分）

（2）在潜水条件允许下，应派潜水员检查电缆情况；（2分）

（3）当潜水条件不允许时，可测量河床的变化情况。（2分）

Lb4C3094　简述声测法电缆故障定点原理。

答：声测法是用高压直流试验设备向电容充电（充电电压高于击穿电压）。再通过球间隙向故障线芯放电，利用故障点放电时产生的机械振动听测电缆故障点的具体位置。（3分）

用此法可以测接地、短路、断线和闪络性故障，但对于金属性接地或短路故障很难用此法进行定点。（3分）

Lb4C4095　电缆地下敷设应考虑哪些相关因素？

答：（1）电缆埋设深度；（1分）

（2）埋设处的最热目平均地温；最低地温；（1分）

（3）电缆回填土的热阻系数；（1分）

（4）与附近其他带负荷电缆线路或热源的距离和详情；（1分）

（5）电缆保护管材料内、外径、厚度和热阻系数；（1分）

（6）电缆直埋和管道等敷设方式的典型配置图。（1分）

Lc4C1096　兆欧表的作用是什么？它有哪些要求？

答：兆欧表是一种用来测量绝缘电阻的仪表。（2分）测量时需要的电压较高，一是保证测量的灵敏度和精度，测量电流不能太小，而被测电阻又很大，所以必须提高电压。（2分）二是兼起直流耐压的作用，以便发现绝缘薄弱的环节。（2分）

Lc4C2097　对继电保护装置的基本要求是什么？

答：（1）选择性：系统发生故障时，要求保护装置只将故障设备切除，保证无故障设备继续运行从而尽量缩小停电范围。（1.5分）

（2）快速性：要求保护装置动作迅速。（1.5分）

（3）灵敏性：要求保护装置灵敏度高。（1.5分）

（4）可靠性：发生故障和异常时，保护和自动装置不会拒动作；不该动作时，不会误动作。（1.5分）

Lc4C3098　什么叫小电流接地系统，其优缺点是什么？

答：是指中性点不接地或经消弧线圈接地的电力网。（2分）当发生单相接地故障时，不会构成短路回路，接地电流往往比负荷电流小。（1分）一般10kV，35kV为小电流接地系统，小电流接地系统电力网的优点是接地电流小，系统线电压仍保持对称性，不影响对负荷供电，不需迅速切断，停电次数减少。

（2分）其缺点是过电压数值大，电网绝缘水平高，投资大，单相接地时，非故障相对地电压升高$\sqrt{3}$倍。（1分）

Jd4C1099　保护器与电缆金属护层的连接线选择，应符合哪些规定？

答：（1）连接线应尽量短，宜在5m内且采用同轴电缆。（2分）

（2）连接线应与电缆护层的绝缘水平一致。（2分）

（3）连接线的截面，应满足最大电流通过时的热稳定要求。（2分）

Jd4C2100　控制二次回路接线应符合哪些要求？

答：（1）按图施工接线正确；（1分）

（2）导线的电气连接应牢固可靠；（1分）

（3）盘柜内的导线不应有接头，导线芯线无损伤；（1分）

（4）电缆芯线端部标明其回路编号，编号应正确，字迹清晰且不易脱落；（1分）

（5）配线应整齐、清晰、美观，导线绝缘良好、无损；（1分）

（6）每根接线端子的每侧接线宜为一根，最多不得超过两根。（1分）

Jb4C2101　电缆接头和中间头的设计应满足哪些要求？

答：（1）耐压强度高，导体连接好；（2分）

（2）机械强度大，介质损失小；（2分）

（3）结构简单，密封性强。（2分）

Jd4C3102　写出几种常用的测试电缆故障的经典方法。

答：（1）电阻电桥法；（1.5分）

（2）电容电桥法；（1.5分）

（3）烧穿降阻法；（1.5 分）

（4）高压电桥法。（1.5 分）

Je4C1103 公路、铁道桥梁上的电缆，应考虑振动、热伸缩以及风力影响下防止金属长期应力疲劳导致断裂的措施，此外还有些什么要求？

答：（1）桥墩两端和伸缩缝处，电缆应充分松弛。当桥梁中有挠角部位时，宜设电缆迂回补偿装置。（1.5 分）

（2）35kV 以上大截面电缆宜以蛇形敷设。（1 分）

（3）经常受到振动的直线敷设电缆，应设置橡皮、砂袋等弹性衬垫。（1.5 分）

Je4C1104 对电缆接头有哪些要求？

答：对电缆接头的要求有：

（1）良好的导电性，要与电缆本体一样，能久稳定地传输允许载流量规定的电流，且不引起局部发热；（2 分）

（2）满足在各种状况下具有良好的绝缘结构；（2 分）

（3）优良的防护结构，要求具有耐气候性和防腐蚀性，以及良好的密封性和足够的机械强度。（2 分）

Je4C1105 目前采用敷设电缆的方法可分为几类？

答：可分为：

（1）人工敷设，即采用人海战术，在一人统一指挥下，按规定进行敷设；（2 分）

（2）机械化敷设，即采用滚轮、牵引器、输送机进行，通过一同步电源进行控制，比较安全；（2 分）

（3）人工和机械敷相结合，有些现场由于转弯较多，施工难度大，全用机械较困难，可采用此方法。（2 分）

Je4C2106 交联聚乙烯绝缘电缆绝缘中含有微水，对电缆安全运行产生什么危害？

答：（1）绝缘中含有微水，会引发绝缘体中形成水树枝，造成绝缘破坏；（2分）

（2）水树枝直径一般只有几个微米，由许多微观上的小水珠空隙组成放电通路，电场和水的共同作用形成水树枝；（2分）

（3）在生产过程中严格控制绝缘中水的含量，以减少水树枝形成的机会。（2分）

Je4C2107　护层绝缘保护器的参数选择，应符合哪些规定？

答：（1）可能最大冲击电流作用下的残压，不得大于电缆护层的冲击耐压被1.4所除数值。（2分）

（2）可能最大工频电压的5s作用下，应能耐受。（2分）

（3）可能最大冲击电流累积作用20次后，保护器不得损坏。（2分）

Je4C2108　试述铜屏蔽层电阻比的试验方法。

答：（1）用双臂电桥测量在同温下的铜屏蔽和导体的直流电阻；（3分）

（2）当前者与后者之比与运前相比增加时，表明铜屏蔽层的直流电阻增大，铜屏蔽可能被腐蚀，当该比值与运前相比减少时，表明附件中体接点的接触电阻有增大的可能。（3分）

Je4C2109　电力电缆故障发生的主要原因有哪些？

答：（1）机械损伤；（1分）

（2）绝缘受潮；（1分）

（3）绝缘老化；（1分）

（4）过电压；（1分）

（5）过热；（1分）

（6）产品质量缺陷；（0.5分）

（7）设计不良。（0.5 分）

Je4C2010　在隧道或重要回路的电缆沟中的哪些部位宜设置阻火墙（防火墙）？

答：（1）公用主沟道的分支处。（1.5 分）

（2）多段配电装置对应的沟道适当分段处。（1.5 分）

（3）长距离沟道中相隔约 200m 或通风区段处。（1.5 分）

（4）至控制室或配电装置的沟道入口、厂区围墙处。（1.5 分）

Je4C2111　哪些场合宜选用铜芯式电缆？

答：（1）电机励磁、重要电源、移动式电气设备等需要保持连接具有高可靠性的回路。（1 分）

（2）振动剧烈、有爆炸危险或对铝有腐蚀等严酷的工作环境。（1 分）

（3）耐火电缆。（1 分）

（4）紧靠高温设备配置。（1 分）

（5）安全性要求高的重要公共设施中。（1 分）

（6）水下敷设当工作电流较大需增多电缆根数时。（1 分）

Je4C3112　电缆敷设常用的敷设方法可分为哪几类？

答：（1）人工敷设，即采用人海战术，在一人或多人协调指挥下，按规定进行敷设；（2 分）

（2）机械化敷设，即采用滚轴滚轮、牵引器、输送机，通过一同步电源进行控制，比较安全；（2 分）

（3）人工和机械相结合，有些现场由于转弯较多，施工难度大，全用机械较困难，可采用此方法。（2 分）

Je4C3113　同一层支架上电缆排列配置方式，应符合哪些规定？

答：（1）控制和信号电缆可紧靠或多层叠置。（2分）

（2）除交流系统用单芯电力电缆的同一回路可采取品字形（三叶形）配置外，对重要的同一回路多根电力电缆，不宜叠置。（2分）

（3）除交流系统用单芯电缆情况外，电力电缆相互间宜有35mm空隙。（2分）

Je4C3114　按敷设电力电缆的环境条件可分为哪几类？

答：按敷设环境条件可分为地下直埋、地下管道、空气中、水底过河、矿井、高海拔、盐雾、大高差、多移动、潮热区类型。（每类0.5分）

Je4C3115　写出电缆清册的内容及电缆编号的含义。

答：（1）电缆清册是施放电缆和指导施工的依据，运行维护的档案资料。（1分）应列入每根电缆的编号、起始点、型号、规格、长度，并分类统计山总长度，控制电缆还应列出每根电缆的备用芯。（3分）

（2）电缆编号是识别电缆的标志，要求全厂（站）编号不重复，并有一定的含义和规律，能表达电缆的特征。（3分）

Je4C4116　水下敷设电缆的外护层选择，应符合哪些规定？

答：（1）在沟渠、不通航小河等不需铠装层承受拉力的电缆，可选用钢带铠装。（3分）

（2）江河、湖海中电缆，应采用的钢丝铠装型式应满足受力条件。当敷设条件有机械损伤等防范需要时，可选用符合防护、耐蚀性增强要求的外护层。（3分）

Jf4C1117　带电作业有哪些优点？

答：带电作业不影响系统的正常运行，不需倒闸操作，不需改变运行方式，因此不会造成对用户停电，可以多供电，提高经济效益和社会效益。（3分）对一些需要带电进行监测的工作可以随时进行，并可实行连续监测，有些监测数据比停电监测更有真实可靠性。（3分）

Jf4C2118　系统中发生短路会产生什么后果？

答：（1）短路时的电弧，短路电流和巨大的电动力都会使电气设备遭到严重破坏，使之缩短使用寿命。（2分）

（2）使系统中部分地区的电压降低，给用户造成经济损失。（2分）

（3）破坏系统运行的稳定性，甚至引起系统振荡，造成大面积停电或使系统瓦解。（2分）

Jf4C3119　什么叫内部过电压？

答：因拉、合闸操作或事故等原因，使电力系统的稳定状态突然变化，在从一个稳态向另一个稳态的过渡过程中，系统内电磁能的振荡和积聚引起的过电压就叫做内部过电压。（2分）内部过电压可分为操作过电压和谐振过电压。（2分）操作过电压出现在系统操作或故障情况下；（1分）谐振过电压是由于电力网中的电容元件和电感元件（特别是带铁芯的铁磁电感元件）参数的不利组合而产生的谐振。（1分）

Jf4C4120　为什么要在输电线路中串联电容器？

答：输电线路有电阻和电感，线路输送功率时，不仅有有功功率损耗，还会产生电压降。（2分）在长距离、大容量送电线路上，感抗上会产生很大的电压降，但在线路中串联电容器后，一部分感抗被容抗所抵消，就可以减少线路的电压降起到补偿的作用，提高电压质量。（4分）

La3C3121　配电装置包括哪些设备？

答：用来接受和分配电能的电气设备称为配电装置。（2分）包括控制电器（断路器、隔离开关、负荷开关），保护电器（熔断器、继电器及避雷器等），测量电器（电流互感器、电压互感器、电流表、电压表等）以及母线和载流导体。（4分）

La3C4122　为什么互感器二次回路必须有可靠接地点？

答：因为互感器的一次绕组在高电压状态下运行，为了确保人身防护和电气设备安全；（2分）防止一、二次绕组间绝缘损坏，一次侧电路中的高压加在测量仪表或继电器上，危及工作人员和设备的安全，所以必须有可靠接地点。（4分）

Lb3C2123　振荡波试验方法有哪些优点？

答：（1）能有效地检测缺陷。（1.5分）
（2）与50Hz试验结果相一致。（1.5分）
（3）设备简单、便宜。（1.5分）
（4）没有电压限制。（1.5分）

Lb3C3124　ZRA（C）-YJV-8/10kV　电缆表示它是什么结构？主要用于什么地方？

答：铜芯交联聚乙烯绝缘聚乙烯护套阻燃电力电缆。（3分）
用于核电站、地铁、通信站、高层建筑、石油冶金、发电厂、军事设施、隧道等地方。（答出其中5项即可得3分）

Lb3C3125　假设一条大截面电缆与两根小截面电缆并联运行，同样能满足用户需要，忽略经济因素，您选用哪种方式？为什么？

答：选用单根大截面电缆。（2分）
由于电缆的导体电阻很小（约0.05Ω/km），两根电缆并联运行时，如其中一个导体与母排发生松动，则接触电阻可能达到或超过导体电阻，那么流过与之并联的另一个导体的电流将

成倍增加，从而导致热击穿。（4分）

Lb3C4126　电缆的路径选择，应符合哪些规定？

答：（1）避免电缆遭受机械性外力、过热、腐蚀等危害。（1.5分）

（2）满足安全要求条件下使电缆较短。（1分）

（3）便于敷设、维护。（1分）

（4）避开将要挖掘施工的地方。（1分）

（5）充油电缆线路通过起伏地形时，使供油装置较合理配置。（1.5分）

Lb3C4127　电缆接头的绝缘应有什么特性？

答：（1）接头的额定电压及其绝缘水平，不得低于所连接电缆额定电压及其要求的绝缘水平。（3分）

（2）绝缘接头的绝缘环两侧耐受电压，不得低于所连电缆护层绝缘水平的2倍。（3分）

Lb3C5128　交联聚乙烯电缆内半导体电层、绝缘层和外半导电层同时挤出工艺的优点是什么？

答：（1）可以防止主绝缘与半导体屏蔽以及主绝缘与绝缘屏蔽之间引入外界杂质；（2分）

（2）在制造过程中防止导体屏蔽的主绝缘尽可能发生意外损伤，防止半导电层的损伤而引起的实判效应；（2分）

（3）由于内外屏蔽与主绝缘紧密结合，提高了起始游离放电电压。（2分）

Lc3C4129　什么是电气设备的交接试验？

答：是指新安装的电气设备在投产前，根据国家颁布的有关规程规范的试验项目和试验标准进行的试验；（3分）以判明新安装设备是否可以投入运行，并保证安全。（3分）

Jd3C3130 电缆线路为何不设置重合闸？

答：由于电缆大都敷设于地下，不会发生鸟害、异物搭挂等故障；（2分）一般故障属于永久性故障；所以线路不设重合闸，（2分）也不应人为重合闸，以免扩大事故范围。（2分）

Jd3C4131 交联聚乙烯绝缘电缆金属屏蔽的结构形式有哪些？

答：（1）一层或二层退火铜带螺旋搭盖绕包，形成一个圆柱同心导体。（2分）

（2）多根细铜丝绕包，外用铜带螺旋间隙绕包，以增加短路容量，绕包相反以抵消电感。（2分）

（3）铜带或铝带纵包方式。（2分）

Je3C2132 单芯电缆护套一端接地方式中为什么必须安装一条沿电缆平行敷设的回流线？

答：（1）在金属护套一端接地的电缆线路中，为确保护套中的感应电压不超过允许值，必须安装一条沿电缆线路平行敷设的导体，且导体的两端接地，这种导体称为回流线；（2分）

（2）当发生单相接地故障时，接地短路电流可以通过回流线流回系统中心点，由于通过回流线的接地电流产生的磁通抵消了一部分电缆导线接地电流所产生的磁通，因而可降低短路故障时护套的感应电压。（4分）

Je3C3133 简述美式分支箱母排接板的安装步骤。

答：（1）先将母排接板安装在电缆分支箱上，调整合适的安装和操作距离，然后固定螺栓。（2分）

（2）卸下接头上防尘帽，将套管表面用清洁剂清洁，均匀涂上硅脂。（2分）

（3）将母排接板上的接地孔用接地线与接地体相连。（2分）

Je3C3134 水下电缆引至岸上的区段,应有适合敷设条件的防护措施,还应符合哪些规定?

答:(1)岸边稳定时,应采用保护管、沟槽敷设电缆,必要时可设置工作井连接,管沟下端宜置于最低水位下不小于1m的深处。(2分)

(2)岸边未稳定时,还宜采取迂回形式敷设以预留适当备用长度的电缆。(2分)

(3)水下电缆的两岸,应设有醒目的警告标志。(2分)

Je3C3135 用压接钳压接铝导线接头前应做哪些工作?

答:(1)检查压接工具有无问题,检查铝接管或铝鼻子及压模的型号、规格是否与电缆的线芯截面相符合。(1.5分)

(2)应将线芯及铝接管内壁的氧化铝膜去掉,再涂一层中性凡士林。(1.5分)

(3)对于非圆形线芯可用鲤鱼钳将线芯夹成圆形并用绑线扎紧锯齐后插入管内。插入前应根据铝接管长度或铝鼻子孔深,在线上做好记号,中间接头应使两端插入线芯各占铝接管长度的一半,铝鼻子应插到底,插入线芯时,线芯不应出现单丝突起现象。(2分)

Je3C4136 电树枝的特性有哪些?

答:(1)电树枝的产生必须有局部的高场强;(1分)

(2)电树枝的引发与材料的本身耐电强度有关;(1分)

(3)交变电场的机械应力可诱发电树枝;(1分)

(4)气隙的存在是电树枝生成的前提;(0.5分)

(5)杂质的存在可诱发杂质电树枝;(0.5分)

(6)电树枝中伴有局部放电;(0.5分)

(7)电树枝引发后,一般发展较快;(0.5分)

(8)电树枝放电使介质损耗增加,绝缘电阻和击穿电压下降;(0.5分)

(9) 电树枝的发展与电压形式和温度有关。(0.5分)

Je3C4137 交流 110kV 及以上单芯电缆在哪些情况下,宜沿电缆邻近配置并行回流线?

答:(1) 可能出现的工频或冲击感应电压,超过电缆护层绝缘的耐受强度时。(3分)

(2) 需抑制对电缆邻近弱电线路的电气干扰强度时。(3分)

Je3C5138 电缆线路的验收应进行哪些检查?

答:(1) 电缆规格符合规定,排列整齐、无损伤、标牌齐全、正确、清晰;(1分)

(2) 电缆的弯曲半径、有关距离及单芯电力电缆的金属护层的接地线应符合要求;(1分)

(3) 电缆终端、中间头安装牢固,无损伤;(1分)

(4) 接地良好;(1分)

(5) 电缆终端相色正确,支架等的金属部件油漆(镀锌层)完整;(1分)

(6) 电缆沟、隧道内、桥梁上无杂物,盖板齐全。(1分)

Jf3C3139 什么叫涡流?在生产中有何利弊?

答:交变磁场中的导体内部(包括铁磁物质),将在垂直于磁力线方向的截面上感应出闭合的环形电流,称为涡流。(2分)

利:利用涡流原理可制成感应炉来冶炼金属;利用涡流原理可制成磁电式、感应式电工仪表;电能表中的阻尼器也是利用涡流原理制成的。(2分)

弊:在电机、变压器等设备中由于涡流存在将产生附加损耗,同时磁场减少造成电气设备效率降低,使设备的容量不能充分利用。(2分)

Jf3C4140 防止误操作的"五防"内容是什么？

答：（1）防止误拉、误合断路器。（1.5分）

（2）防止带负荷误拉、误合隔离开关。（1.5分）

（3）防止带电合接地开关。（1分）

（4）防止带接地线合闸。（1分）

（5）防止误入带电间隔。（1分）

La2C4141 晶闸管导通和截止的必要条件是什么？

答：导通条件：阳极和阴极之间加正向电压，控制极加正触发脉冲信号。（3分）

截止条件：可控硅电流小于维持电流（电流电压减少至一定数值或将可控硅加上反向电压）。（3分）

Lb2C142 交联聚乙烯绝缘电缆内半导体屏蔽层有何作用？

答：（1）线芯表面采用半导体屏蔽层可以均匀线芯表面不均匀电均的作用；（1.5分）

（2）防止了内屏蔽与绝缘层间接触不紧而产生气隙，提高电缆起始放电电压；（1.5分）

（3）抑制电树或水树生长；（1.5分）

（4）通过半导体屏蔽层热阻的分温作用，使主绝缘温升下降，起到热屏蔽作用。（1.5分）

Lb2C4143 三层共挤指哪三层？有何优点？

答：三层共挤指内、外半导电层和绝缘层。（1.5分）

它的优点是：

（1）可以防止在主绝缘层与导体屏蔽，以及主绝缘层与绝缘屏蔽之间引入外界杂质；（1.5分）

（2）在制造过程中防止导体屏蔽和主绝缘层可能发生的意外损伤，因而可以由于半导体电层的机械损伤而形成突刺；

（1.5 分）

（3）使内外屏蔽与主绝缘层紧密结合在一起，从而提高起始游离放电电压。（1.5 分）

Jc3C4144　什么是电介质电导？

答：电解质中的电导可分为离子电导和电子电导。一般所说电解质都是离子电导而言。（2 分）离子电导是以离子为载流体，这离子与电介质分子联系非常弱，甚至呈自由状态，（2 分）有些电介质是在电场或外界因素影响下，本身就离解成正负离子，它们在电场作用下，沿电场方向移动，形成申导电流，这就是电解质电导。（2 分）

Jd2C4145　塑料电缆树枝化放电的控制方法有哪些？

答：塑料电缆树枝化放电的控制方法有：

（1）改进电缆结构；（1 分）

（2）在电缆绝缘配方中用化学方法；（1 分）

（3）减少气隙数目和减小气隙尺寸；（1 分）

（4）改善绝缘材料本身耐树枝性的物理共混方法；（1 分）

（5）改善工艺条件；（1 分）

（6）改善生产加工条件；（0.5 分）

（7）针对水树枝的引发和成长，采用相应的物理、化学方法已抑制水树枝。（0.5 分）

Je2C3146　电缆穿管敷设方式的选择，应符合哪些规定？

答：（1）在有爆炸危险场所明敷的电缆，露出地坪上需加以保护的电缆，地下电缆与公路、铁道交叉时，应采用穿管。（2 分）

（2）地下电缆通过房屋、广场的区段，电缆敷设在规划将作为道路的地段，宜用穿管。（2 分）

（3）在地下管网较密的工厂区、城市道路狭窄且交通繁忙或道路挖掘困难的通道等电缆数量较多的情况下，可用穿管敷

設。（2 分）

Je2C4147 电缆隧道敷设方式的选择，应符合哪些规定？

答：（1）同一通道的地下电缆数量众多，电缆沟不足以容纳时应采用隧道。（2 分）

（2）同一通道的地下电缆数量较多，且位于有腐蚀性液体或经常而地面水流溢的场所，或含有 35kV 以上高压电缆，或穿越公路、铁道等地段，宜用隧道。（2 分）

（3）受城镇地下通道条件限制或交通流量较大的道路下，与较多电缆沿同一路径有非高温的水、气和通信电缆管线共同配置时，可在公用性隧道中敷设电缆。（2 分）

Je2C4148 为什么说铝线芯导体只能配铝接头压接，而不能配铜接头？

答：（1）由于铜和铝这两种金属标准电极电位相差较大（铜为+0.345V，铝为−1.67V）。（1.5 分）

（2）当有电介质存在时，将形成以铝为负极，铜为正极的原是池，使铝产生电化腐蚀，从而使接触电阻增大。（1.5 分）

（3）由于铜铝的弹性模数和热膨胀系数相差很大，在运行中经多次冷热（通电与断电）循环后，会使接点处产生较大间隙，影响接触而产生恶性循环。（1.5 分）

（4）铜铝连接是一个应该十分重视的问题。（1.5 分）

Je2C5149 使用排管时，应符合哪些规定？

答：（1）管孔数宜按发展预留适当备用。（1 分）

（2）缆芯工作温度相差大的电缆，宜分别配置于适当间距的不同排管组。（1 分）

（3）管路顶部土壤覆盖厚度不宜小于 0.5m。（1 分）

（4）管路应置于经整平夯实土层且有足以保持连续平直的垫块上；纵向排水坡度不宜小于 0.2%。（1 分）

（5）管路纵向连接处的弯曲度，应符合牵引电缆时不致损伤的要求。（1分）

（6）管孔端口应有防止损伤电缆的处理。（1分）

（7）增设自动报警与专用消防装置。（1分）

Jf2C3150　工作许可人应负哪些安全责任？

答：（1）负责审核工作票所列安全措施是否正确完备，是否符合现场条件。（1.5分）

（2）工作现场布置的安全措施是否完善。（1.5分）

（3）负责检查停电设备有无突然来电的危险。（1.5分）

（4）对工作票中所列内容即使发生很小疑问，也必须向工作票签发人询问清楚，必要时应要求作详细补充。（1.5分）

La1C4151　电力系统中高次谐波有什么危害？

答：电力系统中出现的高次谐波，不仅对于各种电器设备会引起电的与热的各种危害，而且对电力系统本身也产生谐波现象。（1分）

高次谐波的电流产生的危害有：

（1）可能引起电力系统内的共振现象；（1分）

（2）电容器与电抗器的过热与损坏；（1分）

（3）同步电机或异步电机的转子过热、振动；（1分）

（4）继电器保护装置误动；（1分）

（5）计量装置不准确及产生通信干扰等。（分）

Lb1C4152　使用接插件的电缆分支箱主要技术参数有哪些？

答：（1）额定电压；（1分）

（2）最高工作电压；（1分）

（3）额定电流；（0.5分）

（4）额定频率；（0.5分）

（5）热稳定电流；（0.5分）

（6）峰值电流；（0.5分）

（7）工频耐压值；（0.5分）

（8）雷电冲击耐压值；（0.5分）

（9）导体工作温度；（0.5分）

（10）潮湿试验。（0.5分）

Lb1C5153　电缆本体及三头的检查项目有哪些？

答：（1）裸露电缆的外护套、裸钢带、中间头、户外头有无损伤或锈蚀；（1分）

（2）户外头密封性能是否良好；（1分）

（3）户外头的接线端子、地线的连接是否牢固；（1分）

（4）终端头的引线有无爬电痕迹，对地距离是否充足；（1分）

（5）变电所、用户的电缆出、入口密度是否合格；（1分）

（6）对并列运行的电缆，应分别进行温度测试，当差别较大时，应用卡流测量电流分布情况；（0.5分）

（7）风暴、雷雨或线路自动开关跳闸时，应做特殊检查。（0.5分）

Lc1C4154　试解释边缘效应或尖端效应？

答：导体表面的电场强度与其表面电荷密度成正比。（2分）在导体边缘或尖端由于曲率半径最小，表面电荷密度最大，电场强度高，容易发生局部放电，这种现象称为边缘效应或尖端效应。（4分）

Jd1C4155　330kV 铅包充油电缆例行试验项目有哪些？

答：（1）导线直流电阻；（1分）

（2）电容试验；（1分）

（3）介质损失角正切试验；（1分）

（4）铅护层密封性能试验；（1分）

（5）外护层直流耐压试验；（1分）

（6）油样试验。（1分）

Je1C3156　为防止电缆火灾，可采取哪些安全措施？

答：（1）实施阻燃防护或阻止延燃。（1.5分）

（2）选用具有难燃性的电缆。（1.5分）

（3）实施耐火防护或选用具有耐火性的电缆。（1.5分）

（4）实施防火构造。（1.5分）

Je1C4157　简述高压发生器的基本原理。

答： 50Hz工频低压通过转动机械放大，它的输出就是所需低频正弦信号。（2分）在信号零点处，低频电压通过变换装置送入一台高压变压器，变压器的二次侧上接检波器，消除50Hz电压，（2分）因此低频电压信号的正半波从通道1产生，同样，负半波从通道2产生。（2分）

Je1C5158　为什么塑料电缆也不允许进水？

答：（1）塑料电缆被水入侵后，会发生老化现象，这主要是由于水分呈树枝状渗透引起的；（1.5分）

（2）在导体内及绝缘体外都有水分在时，产生老化现象最严重，这可能是某种原因使水分容易集积绝缘内；（1.5分）

（3）当导体的温度较高时导体内有水分比绝缘外有水分所引起的水分渗透老化更快；（1.5分）

（4）必须对塑料电缆的进水问题以予重视，在运输、贮存、敷设和运行中都要加以重视，应避免水分侵入塑料电缆芯。（1.5分）

Lf1C4159　全面质量管理的含义是什么？

答： 企业的全体职工及有关部门齐心协力，把专业技术经营管理、数据统计和思想教育结合起来，建立起从产品的研究、设计、施工生产制造，售后服务等活动全过程的质量保证体系，从而用最经济的手段，生产出用户满意的产品，（4分）它的基本核心是以强调提高人的工作质量、设计质量和制造质量，从而保证产品质量达到全面提高企业和社会的经济效益的目的。（2分）

Jf1C5160　施工组织设计的专业设计一般内容有哪些？

答：一般有：

（1）工程概况。（1分）

（2）平面布置图和临时建筑的布置与结构。（1分）

（3）主要施工方案。（1分）

（4）施工技术供应，物质供应，机械及工具配备力能供应及运输等各项计划。（1分）

（5）有关特殊的准备工作。（0.5分）

（6）综合进度安排。（0.5分）

（7）保证工程质量、安全，降低成本和推广技术革新项目等指标和主要技术措施。（1分）

4.1.4 计算题

La5D1001 如图 D-1 所示，求 A、B 两点间等效电阻 R_{AB}。其中 $R_1=10\Omega$，$R_2=30\Omega$，$R_3=10\Omega$，$R_4=20\Omega$。

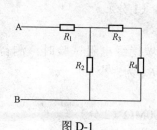

图 D-1

解：$R_{AB}=R_1+(R_3+R_4)R_2/$
　　　　$(R_2+R_3+R_4)$（2 分）
　　　$=10+(10+20)\times30/$
　　　　$(10+20+30)$（2 分）
　　　$=25$（Ω）

答：R_{AB} 为 25Ω。（1 分）

La5D2002 在低压三相异步电动机估算负荷时，人们常说 1kW 两安培电流（即 1000W 负荷中，电流 $I=2A$）。这个数是怎样来的？

解：∵低压三相电动机功率因数 $\cos\varphi$ 一般为 0.8，电压 380V，1kW 负荷与电流关系为 $P=\sqrt{3}\,UI\cos\varphi$ 即：（2 分）

$I=P/\sqrt{3}\,U\cos\varphi=1000/\sqrt{3}\times380\times0.8=1.9$（A）$\approx2.0A$（2 分）

∴ 1kW 两安培电流即由此而得。（1 分）

Lb5D1003 取 150mm 热缩管加温让其自由收缩，收缩后长度 147mm，问其长度变比率为多少？

解：公式 $E_1=\dfrac{L_1-L_2}{L_2}\times100\%$（2 分）

计算：$E_2=\dfrac{150-147}{147}\times100\%$

　　　　　$=2.04\%$（2 分）

答：这根热缩管长度变比率为 2.04%。（1 分）

Lb5D1004 一条电缆 330m 的质量为 3055.3kg，问其每千

米质量为多少？

解：设每千米质量为 X

$$\frac{330}{1000} : 3055.3 = 1 : X \quad （2分）$$

$$X = 9258.5 \quad （kg/m）\quad （2分）$$

答：该电缆每千米为 9258.5kg。（1分）

Lb5D2005 某纸绝缘电缆在做绝缘电阻试验时，测得 $R_{15} = 1500M\Omega$，若吸收比为 1.4，问 R_{60} 为多少？

解：$\because K = R_{60}/R_{15}$（2分）

$\therefore R_{60} = K \times R_{15} = 1.4 \times 1500M\Omega = 2100M\Omega$（2分）

答：该电缆 R_{60} 为 2100MΩ。（1分）

Lb5D2006 用游标卡尺测得一圆形电缆芯直径为 18mm，问该电缆截面多少？（α 取 0.93）

解：圆形导体的截面 $S = \alpha \pi r^2$（2分）

则 $S = 0.93 \times 3.14 \times 9 \approx 240$（mm^2）（2分）

答：该电缆截面为 240mm^2。（1分）

Lb5D3007 设有一盘长 250m，截面 50mm^2 的电芯电缆，在 30℃时测得的导体每芯直流电阻 0.093Ω，问该电缆所用铜材是否符合国家标准？（已知 20℃时，$\alpha = 0.00393$）

解：公式 $R_{30} = \rho_{30}\dfrac{l}{s} = \rho_{20}[1 + \alpha(30℃ - 20℃)]\dfrac{l}{s}$（2分）

计算：$0.093 = \rho_{20}[1 + 0.00393 \times 10] \times \dfrac{250}{50}$（1分）

$$\rho_{20} = 0.0179 \quad （1分）$$

答：国家标准铜的 ρ_{20} 为 0.0184$\Omega \cdot$mm^2/m，而 0.0179 和 0.0184 非常接近，故该电缆所用铜材，从电阻率角度来讲是标准的。（1分）

Lb5D4008   用交流充电法测量一条长 $1\,500\text{m}$，截面 95mm^2 的 XLPE 绝缘电缆一相对屏蔽电容，电压 50V、电流为 5.65mA，求这条电缆每千米电容为多少？

解：$C=\dfrac{I}{2\pi f_v}\times10^3$（2 分）

$C=\dfrac{5.65}{100\times3.14\times50}\times10^3=0.36$（μF）

$0.36\times\dfrac{1000}{1500}=0.24$（μF）（2 分）

答：这条电缆每千米电容为 0.24μF。（1 分）

Lc5D2009   两个点电荷，分别带正电荷 q 和 $4q$，它们之间的距离为 1，现在要放上第三个点电荷，正好使整个系统平衡，第三个点电荷应放在哪里？应当带哪一种电荷？所带电荷的电量是多少？

解：第三个点电荷是负电荷，只能放在两个正电荷 q 和 $4q$ 的连线上。（1 分）

设第三个点电荷为 $-Q$，放在距 q 为 x 处。

由于整个系统处于平衡，故得方程：

$k\times(-Q)\times q/x^2=k\times(-Q)\times4q/(1-x)^2$ （D-1）（1 分）

$k\times(-Q)\times q/x^2=k\times q\times4q/1^2$ （D-2）（1 分）

由式（D-1）得：$x=1/3$ $x=-1$（舍去）

以 $x=1/3$ 代入式（D-2）得：$Q=-4/9q$（1 分）

答：第三个点电荷是负电荷，应放在两个正电荷 q 和 $4q$ 的连线上，距 q 为 1/3 处，所带电荷的电量是 $-4/9q$。（1 分）

Jd5D1010   用一台变比为 $200\text{V}/50\text{kV}$ 试验变压器试验电缆，试验电压为 37kV，问达到此值时，低压应为多少伏？

解：$U_H=\dfrac{U_m}{\sqrt{2}}$ $N=\dfrac{U_1}{U_2}$ （1 分）

$37kV \div 1.414 = 26.24$（kV）（1分）

$50000 \div 200 = 250$（1分）

$26.24kV \div 250 = 105V$（1分）

答：试验电压 37kV 时，低压读数应为 105V。（1分）

Jd5D2011 在某 XLPE 绝缘电缆剖面上测出绝缘厚度最薄 17.10mm，平均厚度 19.0mm，最厚点厚度 19.5mm，问该电缆偏心度为多少？是否可判合格？

解：偏心度=(最厚点厚度–最薄点厚度)/最厚度厚点（1分）

偏心度=(19.5–17.1)/19.5=0.123（1分）

答：该电缆偏心度为 0.123。（1分）

因 12.3%＞8%，故该电缆为不合格电缆。（2分）

Je5D1012 一条 6.08kg/m 的电缆长 50m，沿直线采用滑轮上敷设，其牵引力应不小于多少才能达到敷设目的？

解：$F = kWL$（2分）

$F = 0.2 \times 6.08 \times 50 = 60.8$（kg）（2分）

答：牵引力应小于 60.8kg。（1分）

Je5D1013 用声测法对一故障电缆进行冲击放电，放电电压为 20kV，放电间隙时间 3～4s，电容为 5μF，问电容器上所储能量为多少？

解：$W = CU^2/2$（2分）

$W = 5 \times 20^2/2 = 1000$（W）（2分）

答：电容器上所储能量为 1000W。（1分）

Je5D1014 用低压脉冲法测得一条长 1500m 长的 XLPE 电缆故障，发送脉冲和反射脉冲之间的时间为 5μs，问从测量端到故障点的距离为多少米？

解：$Lx = Ut/2$（2分）

Lx=172m/μs×5μs/2=430（m）（2分）

答：故障点距离测量端430m。（1分）

Je5D2015　998m 长的 3×95mm^2 电缆发生纯单相接地故障，故障相对地电阻为 160Ω，其中两相绝缘尚好，用回线法在首端测得结果如下：正接法 M 为 1000，N 为 1900；反接法 M 为 1000，N 为 526。问故障在什么位置？

解：$L_X = \dfrac{M}{M+N} 2L$（2分）

$$L_{X1} = \dfrac{1000}{1000+1900} \times 2 \times 998 \approx 688.3（m）（1分）$$

$$L_{X2} = \dfrac{526}{1000+526} \times 2 \times 998 \approx 688（m）（1分）$$

答：正反接法所测结果几乎相同，故可确定，故障点在距首端688m 位置处。（1分）

Je5D2016　封铅焊条的配比认纯铅 65%，纯锡 35%为宜，欲配制 50kg 封铅，需要多少铅和锡？

解：需锡量=35%W=35%×50=17.5（kg）（2分）

需铅量=65%W=65%×50=32.5（kg）（2分）

答：50kg 封铅中含铅 32.5kg，含锡 17.5kg。（1分）

Je5D2017　已知某电缆导体电阻为 0.264Ω（已考虑集肤效应和邻近效应时的电阻）当该电缆通过交流 480A 电流时，导体本身损耗电能多少？

解：　$W=I^2R$（2分）

$W=480^2 \times 0.264 = 58186$（W）（2分）

$R_{20} = 0.153Ω$

答：导体通过 480A 电流时，自耗能为 58186W。（1分）

Je5D3018　某电缆线路设计要求接地电阻为 4Ω，现已知该地区为砂黏土壤电阻率 ρ=300Ω·m，问需要 2.5m 长的垂直接地体多少根才能满足设计要求？（又已知相邻接地之间距离为 5m，利用系数为 0.8）

解：　$R_1 = 0.3\rho$（1 分）

$$R = \frac{R_1}{n\eta}\quad（1 分）$$

$R_1 = 0.3 \times 300 = 90$（Ω）（1 分）

$$n = \frac{R_1}{n\eta} = \frac{90}{4 \times 0.8} = 28\quad（1 分）$$

答：需要 28 根垂直接地体，作相邻 5m 连接，方能满足设计要求。（1 分）

Jf5D1019　如果人体最小的电阻为 800Ω，已知通过人体的电流为 50mA 时会引起呼吸器官麻痹，不能自主摆脱电源，试求安全工作电压。

解：根据欧姆定律，算出电压值

$U = IR = 50 \times 10^{-3} \times 800 = 40$（V）（4 分）

答：安全工作电压为 40V，由于人体健康状况不同，因此实际上安全工作电压规定为 36V 以下。（1 分）

Jf5D2020　有一个磁电系测量机构，满量程电流为 100μA，内阻为 1kΩ，如果要将它变成量程为 10mA 的电流表应如何改法？分流电阻为多大？

解：量程扩大倍数：$n = I/I_0 = 10 \times 10^{-3}/100 \times 10^{-6} = 100$（2 分）

分流电阻 $R_s = r_0/(n-1) = 1000/(100-1) = 10.1$（Ω）（2 分）

答：即在测量机构上并联一个 10.1Ω 的分流电阻，可测量 10mA 电流。（1 分）

La4D1021　蓄电池组的电源电压为 6V，以电阻 $R_1 = 2.9Ω$

连接到它的两端，测出电流为 2A，求其内阻为多大？如负载电阻改为 5.9Ω，其他条件不变，则电流为多大？

解：根据全电路欧姆定律：$I_1=E/(R_1+R_i)$（1 分）

$R_i=E/I_1-R_1=6/2-2.9=0.1$（Ω）（1 分）

若负载 $R_2=5.9$Ω，则电流 I_2 为

$I_2=E/(R_2+R_i)=6/(5.9+0.1)=1$（A）（2 分）

答：其内阻为 0.1Ω，若负载电阻为 5.9Ω，则电流为 1A。（1 分）

La4D2022　测得某负载的电压和电流分别为 110V 和 50A，用瓦特表测其功率为 3300W，问视在功率 S、功率因数 $\cos\varphi$ 及无功功率 Q 各为多少？

解：视在功率：$S=UI=110\times50=5500$（VA）（1 分）

功率因数：$\cos\varphi=P/S=3300/5500=0.6$（1 分）

无功功率：$Q=\sqrt{S^2-P^2}=\sqrt{5500^2-3300^2}=4400$（VA）（2 分）

答：视在功率为 5500VA，功率因数为 0.6，无功功率为 4400VA。（1 分）

La4D3023　有一台星形连接三相电动机，接于线电压为 380V 电源上，电动机功率为 2.7kW，功率因数为 0.83，试求电动机的相电流和线电流，如果将此电动机误接成三角形，仍接到上述电源上，那么，它的相电流、线电流和功率将是多少？

解：星形连接时，即 $I_{ph}=I_1=P/3U_1\cos\varphi$

$=2.74\times1000/(1.73\times380\times0.83)$

$=5A$（1 分）

电动机每相阻抗 $Z=U_{ph}/I_{ph}=380/(\sqrt{3}\times5)=220/5=44$（Ω）

三角形连接时，即 $I_{ph}=U_{ph}/Z=380/44=8.6$（A）（1 分）

$I_1=\sqrt{3}I_{ph}=1.73\times8.6=15A$（1 分）

$$P=\sqrt{3}\,U_lI_l\cos\varphi_{ph}=1.73\times380\times15\times0.83=8220\,(\text{W})=8.22\text{kW}\,（1分）$$

答：电动机相电流、线电流皆为 5A，三角形接法时，相电流为 8.6A、线电流为 15A、功率为 8.22kW。（1分）

Lb4D1024 中心为单根金属导体的多芯圆绞线，采取正常绞合方式，1～6 圈单根金属导体之和应为多少？

解：$K=1+6+12+\cdots+6n$（2分）

$\qquad$ =127（根）（2分）

答：正常绞合圆绞线 1～6 圈单根金属导体之和为 127 根。（1分）

Lb4D1025 某型号电缆 25mm^2 时长期载流量为 90（A），问改成同型号 50mm^2 电缆时，载流量为多少？

解：$\dfrac{I_1}{I_2}=\sqrt{\dfrac{A_1}{A_2}}$（2分）

$\qquad I_2=I_1\sqrt{\dfrac{A_2}{A_1}}=90\times\sqrt{\dfrac{50}{25}}\approx127\,(\text{A})$（2分）

答：当改成 50mm^2 时，其载流量为 127（A）。（1分）

Lb4D2026 当泄漏距离取 1.2cm/kV 时，10kV 电缆所用应力控制管的最小长度应为多少？

解：$L=KV_0$（2分）

$\qquad L=1.2\times10/\sqrt{3}=7$（cm）（2分）

答：10kV 电缆的应力控制管最小长度为 7cm。（1分）

Lb4D2027 ZLQ–3×95–10kV 电缆 15℃ 时，载流量为 185A，求其在环境温度为 40℃ 时，最大允许载流量为多少？

解： $I_{40} = I_{15}\sqrt{\dfrac{\theta_{60} - \theta_{40}}{\theta_{60} - \theta_{15}}}$ （A）（2分）

$$I_{40} = 185 \times \sqrt{\dfrac{60-40}{60-15}} \approx 123.3 \text{（2分）}$$

答： 该电缆在环境温度为 40℃时，最大允许载流量为123.3A。（1分）

Lb4D2028 三根载流量为 325A（25℃时）的同型号油浸电缆，直埋于地下，相邻两根电缆净距 200mm，土壤热阻系数为 120℃·cm/W，当土壤温度为 10℃时，问其最人载流量为多少？（已知数根电缆校正系数为 0.88，土壤热阻校正系数为0.86）

解： $I = K_1 K_2 K_3 K_4 I_1$（1分）

并 $K_1 = 1$ $K_4 = 1$（1分）

$$I_{10} = I_{25}\sqrt{\dfrac{\theta_{60} - \theta_{10}}{\theta_{60} - \theta_{25}}} \text{（1分）}$$

$$I_{10} = 0.88 \times 0.86 \times \sqrt{\dfrac{60-10}{60-25}} \times 325 = 294 \text{（A）（1分）}$$

答： 考虑环境因素，此三根并列敷设的电缆，10℃时实际每根可载电流294A。（1分）

Lb4D2029 6～10kV 电缆芯线对地电容电流常用下式计算，即 $I_C = UL/10$（A）。现有一条 10kV 电缆线路，长 3km，问充电电流多大？充电功率多少？

解： $I_C = \dfrac{U_C L}{10} = \dfrac{10 \times 3}{10} = 3$ （A）（2分）

$Q = U_C I_C = 10 \times 10 \times 3 = 30$（kW）（2分）

答： 充电电流为 3A，充电功率为 30kW。（1分）

Lb4D2030 用数字表达式说明电缆中行波的波速度,只与绝缘介质有关。

解:数字表达式 $V=\dfrac{1}{\sqrt{L_0 C_0}}=\dfrac{S}{\sqrt{\mu\varepsilon}}$ (2分)

式中:V——波速度;

S——光的传播速度 $S=3\times10^5\text{km/s}$;

μ——电缆芯线周围介质的相对导磁系数;

ε——电缆芯线周围介质的相对介电系数。(2分)

答:从以上表达式可见,电缆中的波速度只与电缆绝缘介质性质有关,而与导体芯线的材料和截面无关。(1分)

Lb4D3031 某市一 35kV 变电站 A 回路进线长度为 35km,该市供电公司电缆运行部门某年 A 回路申请停电检修 6h,试统计 A 回路电缆线路该年的可用率为多少?

解:公式 η (可用率)=$[(T_{(实)}-T_{(停)})/T_{(实)}]\times100\%$

$\qquad\qquad=[(365\times24-6)/365\times24]\times100\%$

$\qquad\qquad=99.93\%$

答:该年某市 35kV 变电站 A 回路电缆线路该年的可用率为 99.93%。

Lb4D3032 在一三芯电缆中各相导体对地电容相等,$C_{A0}=C_{B0}=C_{C0}=0.1171\mu\text{F}$,三相导体 3 间电容也相等,$C_{AB}=C_{BC}=C_{CA}=0.065\mu\text{F}$,问每相的工作电容是多少?

解:$\qquad C=C_4+3C_y$ (2分)

$\qquad\quad C=0.1171+3\times0.065$ (2分)

$\qquad\qquad=0.3123$ (μF)

答:每相工作电容为 $0.3123\mu\text{F}$。(1分)

Lb4D4033 有一条铜芯电缆,当温度 t_1 为 20℃时,它的电阻 R_1 为 5Ω;当温度 t_2 升到 25℃时,它的电阻 R_2 增大到 5.1Ω,

问它的温度系数是多少？

解：温度变化值：$\Delta t = t_2 - t_1 = (25-20)℃ = 5℃$（1分）

电阻变化值：$\Delta R = R_2 - R_1 = (5.1-5)\Omega = 0.1\Omega$（1分）

温度每变化1℃时所引起的电阻变化

$$\frac{\Delta R}{\Delta t} = \frac{0.1}{5} = 0.02\,(\Omega/℃)\ （1分）$$

温度系数：$\alpha = \frac{\Delta R}{\Delta t} / R_1 = 0.02/5 = 0.004$（1分）

答：其温度系数为0.004。

Lc4D2034 某一6×19的钢丝绳公称抗拉强度为$140kg/cm^3$，钢丝直径为0.8mm，若使用时取安全系数为5.5，其允许荷重为多少？

解：总截面积：$S = 6×19×\pi×r^2 = 6×19×3.14×(0.8/2)^2 = 57.3\,(mm^2)$（2分）

则破断力 $F = 140×57.3×9.8 = 78615$（N）（2分）

答：其允许荷重为78615N。（1分）

Jd4D1035 将200m长度的$95mm^2$的铝芯电缆换算到铜芯$70mm^2$电缆，等值长度为多少？（ρ_{Al} 为 $0.031\Omega mm^2/m$，ρ_{Cu} 为 $0.0184\Omega \cdot mm^2/m$）

解：$R = \rho_{Al}\dfrac{L_1}{A_1} = \rho_{Cu}\dfrac{L_2}{A_2}$（2分）

$$L_2 = L_1\frac{\rho_{Al}}{\rho_{Cu}} \cdot \frac{A_2}{A_1} = 200×\frac{0.031}{0.0184}×\frac{70}{95} = 248\,（m）（2分）$$

答：与200m长度的$95mm^2$铝芯电缆等阻的$70mm^2$铜芯长度为248m。（1分）

Jd4D2036 一条电缆全长750m，发生单相断线故障，用低压脉冲法进行测量，但不知传播速度，测得完好相时间为

8.72μs，故障相时间 4.1μs，求故障点时间。

解：$Lx=Ut_x/2$（1分）

$Lx=(t_x/2)U=(t_x/2)\cdot2L/t_1=(t_x/t_1)L$（2分）

$=4.1\div8.72\times750=352.63$（m）（1分）

答：故障距测量端为 352.63m。（1分）

Jd4D3037 如一段铜导线和一段铝导线电阻和长度相同，问其截面之比为多少？直径之比为多少？质量之比又为多少？（已知铜的密度为 8.9g/cm^3，铝的密度为 2.7g/cm^3，20℃时铜的电阻率为 0.01724Ω·mm^2/m，铝的电阻率为 0.0283Ω·mm^2/m）

解：$R=\rho\dfrac{l}{s}$ 密度=质量/体积（2分）

（1）$\rho_{Cu}\times\dfrac{L}{S_{Cu}}=\rho_{Al}\dfrac{L}{S_{AL}}$ $\dfrac{S_{Al}}{S_{Cu}}=\dfrac{\rho_{Al}}{\rho_{Cu}}=\dfrac{0.0283}{0.01724}=1.64$

（2）$D_{Al}/D_{Cu}=\sqrt{1.64}=1.28$

（3）$\dfrac{2.7\times1.64}{8.9\times1.0}=0.5$（2分）

答：长度电阻相同的铝线和铜线截面积之比为 1.64:1；直径之比为 1.28:1；质量之比为 0.5:1。（1分）

Je4D1038 用变比为 200/50kV 的试验变压器试验电缆，试验电压为 140kV，应采用什么方法才能达此电压值？此时低压值是多少？

解：需采二倍压整流才能达到 140kV。（1分）

$U_M=\dfrac{U_N}{2\sqrt{2}}$（1分）

$U_M=\dfrac{140000}{2\sqrt{2}}=99290.78$（1分）

$50kV\div200V=250$

$99290.78\div250=198$（V）（1分）

答：试验电压 140kV 时，低压读数应为 198V。（1分）

Je4D1039　截 50cm 长铜芯电缆一段，剥绝缘后称得一相芯线质量为 1068g，问电缆截面为多少？（已知铜的密度为 8.9g/cm³）

解：$S_m=\dfrac{G}{KL}$（2分）

$S_m=\dfrac{1068\times10^3}{8.9\times500}=240$（mm²）（2分）

答：从重量上可得出该电缆截面积为 240mm²。（1分）

Je4D2040　有一条 726m 长的电缆，其中首段 450m 为 3×50mm² 铜芯电缆，后一段为 276m 为 3×70mm² 铝芯电缆，发生单相接地故障，故障点对地电阻 1kΩ左右，用 QF1A 型电缆故障仪测试，正接法测得 R_X=0.47。求故障点位置。

解：（1）先将铝芯电缆换算成铜芯，求总等值长度

$L=450+276\times\dfrac{0.031}{0.0184}\times\dfrac{50}{70}=782.1$（m）（1分）

（2）故障点长度为

$L_{X1}=0.47\times2\times782.1=735.1$（m）（1分）

（3）显然，故障点在铝芯电缆部分，则

$L_{X2}=450+(735.1-450)\times\dfrac{0.0184}{0.31}\times\dfrac{70}{50}=687$（m）（2分）

答：该故障点应该在距首端 687m 处。（1分）

Je4D2041　用交流电桥法测一统包型电缆一芯对地电容，标准电容为 10μF，测得 R_A=331，R_B=33，问该电缆一芯对地电容是多少？

解：$C_Y=\dfrac{1}{3}\times\dfrac{R_B}{R_A}C_n$（2分）

$$C_Y = \frac{1}{3} \times \frac{33}{331} \times 10 \approx 0.33 \ (\mu F) \ (2 \ 分)$$

答：该电缆一芯对地电容为 0.33μF。（1 分）

Je4D2042 用压降比较法测量电缆外护层绝缘损坏点，电缆长 2250m，电压反映分别为 15mV 和 25mV，问该电缆外护层绝缘损坏点距测量端多远？是否可用声测法定点？

解： $X = \dfrac{U_1}{U_2 + U_3} L$ （1 分）

$$X = \frac{15}{15 + 25} \times 2250 = 843.7 \text{m} \ (2 \ 分)$$

答：该电缆外护套绝缘损坏点在距测量端 843m 左右处。（1 分）因电缆外护层绝缘水平较低，故不能采用声测法定点，否则会使整个电缆线路外护层受损坏。（1 分）

Je4D2043 一盘 10kV 240mm² XLPE 绝缘铜芯电缆，长 488m，直接放在 5cm 厚，强度为 C_{25} 的水泥地上，是否合适？用数字表达方式以予说明。

解：每千米 YJV–3×240–8.7/10kV 电缆约为 10300kg 左右，若盘质量为 500kg，则总质量在（500+10300×0.488）=5270.4kg 左右，取盘边宽度为 7cm，着地宽度为 2.5cm。

则 $P = N/S$ （2 分）

$$= 5526 \div (2 \times 0.07 \times 0.025) = 5526 \div 0.0175$$

$$= 315771 \ (\text{kgf/mm}^2) \ (2 \ 分)$$

答：通过计算得到该电缆盘边着地点压力 315771kgf/mm²，显然不能直接 5cm 厚标号 C_{25} 的水泥地上，否则会把地压坏，长期置放会损坏电缆。（1 分）

Je4D2044 做直流 50kV 试验用 1kVA 试验变压器，试问水阻容量和阻值如何选择比较合适。

解：阻值一般取每伏 10Ω，则 $R=10$ Ω/V · U（2 分）

$R=10 \times 50 \times 10^3 = 500$（kΩ）（2 分）

答：取热容量为 1$kcal_{IT}$，阻值为 0.5MΩ 的水阻较为合适。（1 分）

Je4D3045 1kV 户内终端最小干闪距离为 125mm，问其干放电电压为多少？

解：$L=0.32(U_d-14)$（2 分）

$125cm=0.32(U_d-14)$（1 分）

$U_d=53$（kV）（1 分）

答：10kV 户内头干放电电压是 53kV。（1 分）

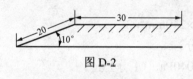

图 D-2

Je4D3046 一条长 50m 的电缆，沿斜面敷设，如图 D-2 所示，试求在 C 点的牵引力。（电缆质量按每米 9.1kg 计算，$\mu=0.2$）

解：电缆盘的摩擦力一般按 15m 长的电缆重量计：

$T_4=15 \times 9.1=136.5$（kgf）（1 分）

$T_B=T_4+WL(m\cos Q_1+\sin Q_1)$

$=136.5+9.1 \times 20 \times (0.2\cos 10° + \sin 10°)$

$=135.6+9.1 \times 20 \times (0.2 \times 0.198+0.156)$

$=200.8$（kgf）（2 分）

$T_C=T_B+L_\mu=200.8+9.1 \times 30 \times 0.2=255.4$（kgf）

$\approx 2505N$（1 分）

答：C 点的牵引力为 2505N。（1 分）

Je4D4047 已知 YJLV-3×50-10kV 电缆，在 25℃土壤温度下，长期载流量为 147A，一条敷设在空气中的同型号电缆，能满足多大容量变压器使用。（设最高空气温度为 40℃）

解：实际上 XLPE 绝缘电缆在 25℃土壤中和在 40℃的空气中长期载流量修正系数都是 1.0，即也为 147A。（1 分）

$$I=\frac{S_\mu}{\sqrt{3}V}\quad（1 分）$$

$$I=147=\frac{S_\mu}{\sqrt{3}V}=\frac{S_\mu}{1.73\times10}\quad（1 分）$$

$$S_\mu=2543.1\text{kVA}\quad（1 分）$$

答：YJLV–3×50/10kV 电缆可供 2500kVA 使用。（1 分）（回答 2543.1kVA 变压器需扣 0.5 分）

Je4D4048 试计算 YJV_{22}–3×240mm^2/10kV 电力电缆用牵引头方式，牵引时所能承受的拉力。（$\sigma=70\times10^6$Pa/mm^2）

解：$T_m=k\sigma qS$（1 分）

$T_m=1\times70\times10^6$Pa/mm$^2\times240$mm$^2\times3$

$=5040\times10^7$Pa（2 分）

答：电缆牵引力应小于 5040Pa。（1 分）

Jf4D2049 有一个电流互感器，变流比为 400/5，准确度等级 0.5 级，额定容量为 15VA，今测得其二次回路的总阻抗为 1Ω，问该电流互感器二次侧所接仪表能否保证其准确度。

解：$\because S=I^2Z$ $\therefore Z=S/I^2=15/5^2=0.6Ω$（2 分）

所以，二次总阻抗为 1Ω，超过该电流互感器额定阻抗 0.6Ω，即电流互感器的准确等级要下降，即所接仪表不能保证其准确度。（2 分）

答：不能保证其准确度。（1 分）

Jf4D3050 在大电流接地系统中，配电系统可能出现的接地电流最大为 4000A，试求这时对接地网中要求的接地电阻值。

解：大电流接地系统中 $R\leq2000/I=2000/4000=0.5$（Ω）（4 分）

答：大电流接地系统中，可能出现 4000A 时，接地电阻应小于或等于 0.5Ω。（1分）

La3D2051　铜导线长度 L=100m，截面积 S=0.1mm^2，温度 T_2=50℃时求导线电阻 R_2？已知在 T_2=50℃时铜导线电阻温度系数为 α=0.0041（1/℃）

解：先求常温下(T_1=20℃)的电阻 R_1

$R_1=\rho L/S$=0.0172×100/0.1=17.2Ω（1分）

$R_2=R_1[1+\alpha(T_2-T_1)]$=17.2×[1+0.0041×(50−20)]

　　=17.2×1.1=19.35（Ω）（3分）

答：温度 T_2=50℃时导线电阻为 19.35Ω。（1分）

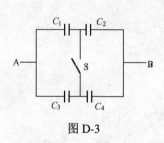

图 D-3

La3D3052　如图 D-3 所示，C_1=0.2μF，C_2=0.3μF，C_3=0.8μF，C_4=0.2μF，求开关 S 断开与闭合时，AB 两点间等效电容 C_{AB}。

解：（1）S 断开时，C_1、C_2 串联，C_3、C_4 串联，然后两者并联，则：

$C_{AB}=C_1C_2/(C_1+C_2)+C_3C_4/(C_3+C_4)$

　　　=0.2×0.3/(0.2+0.3)+0.8×0.2/(0.8+0.2)

　　　=0.12+0.16=0.28（μF）（2分）

（2）S 闭合时，C_1、C_3 并联，C_2、C_4 并联然后两者串联，

$C_{AB}=(C_1+C_3)(C_2+C_4)/(C_1+C_3+C_2+C_4)$

　　　=(0.2+0.8)(0.3+0.2)/(0.2+0.8+0.3+0.2)

　　　=0.33（μF）（2分）

答：开关 S 断开与闭合时，AB 两点间等效电容分别为 0.28μF 和 0.33μF。（1分）

Lb3D2053 已知铜芯电缆导体的电阻率为 1.72Ω·mm，铝芯电缆导体的电阻率为 2.83 Ω·mm，求同样截面的铜芯电缆载流量为铝芯电缆的几倍？

解：已知 $\rho_T=1.72\times10^{-5}$ Ω·mm， $\rho_L=2.83\times10^{-5}$ Ω·mm（1分）

$$I_T/I_L=\rho_L/\rho_T（2分）$$
$$=2.83\times10^{-5}/1.72\times10^{-5}=1.3（2分）$$

答：同样截面的铜芯电缆载流量为铝芯电缆的 1.3 倍（1分）

Lb3D3054 进行一条电缆水下敷设，水深 8m，在入电缆在水中的质量为 150kg，入水角控制在 45℃，求敷设张力多少？

解：$T=WD(1-\cos\theta)$（2分）

$T=150\text{kg}\times8\text{m}\times(1-\cos45°)$

$=150\times8\times(1-0.707)$

$=351.6$（kgm）（2分）

$351.6\times9.8=3446$（N）

答：电缆敷设时的张力为 3446N。（1分）

Lb3D3055 计算 10kV 铝芯 $3\times240\text{mm}^2$ 高压电缆，当系统短路时允许短路电流是多少？（短路时间 $t=1\text{s}$，铝导体当短路温度为 220℃时，$K=91.9$）

解：已知 $t=1\text{s}$，$K=91.9$，$A=240\text{mm}^2$

短路电流 $I=KA/\sqrt{t}$（2分）

$=91.9\times240/\sqrt{1}=22.056$（kA）（2分）

答：当系统短路时允许短路电流为 22.056kA。

Ld3D4056 一条 400mm^2，35kV XLPE 绝缘单芯电缆，其线芯屏蔽层外径为 11.7mm，问其绝缘厚度为多少？绝缘层外半径为多少？

解：$\Delta = \dfrac{U_{phm}}{G_1} K_1 K_2 K_3$ （1 分）

取 $U_{phm} = 1.5 \times 35\sqrt{3}$ （kV）

$K_1 = 1.1 \quad K_2 = 4 \quad K_3 = 1.1$

则：$\Delta = \dfrac{13IL}{G_2} K_1 K_2 K_3$ （1 分）

G_1 取 10kV/mm 代入得

$\Delta = \dfrac{1.15 \times 35}{10 \times \sqrt{3}} \times 1.1 \times 4 \times 1.1 = 10.23$ （1 分）

$R = Y_c + \Delta = 11.7 + 10.23 = 21.93$ （mm）（1 分）

答：绝缘厚度以工频电压下计 $\Lambda = 10.23$mm，绝缘层外半径为 21.93mm。（1 分）

Lb3D4057 110kV 电缆不设保护器时，在冲击过电压下，金属护套不接地端，所受电压是多少？（已知电缆芯线和金属护套间的波阻抗 17.8Ω；金属护套与大地间的波阻抗 100Ω；架空线的波阻抗 500Ω；沿线路袭来的雷电进行波幅值为 700kV）

解：$U = 2U_0 \dfrac{Z_2}{Z_0 + Z_1 + Z_2}$ （2 分）

$U = 2 \times 700 \times \dfrac{100}{500 + 17.8 + 100} = 226.5$ （2 分）

答：金属护套不接地端护层所受电压为 226.5kV。（1 分）

Lb3D5058 不考虑铜带搭盖，求 10kV XLPE 电缆金属屏蔽层面积。（已知铜屏蔽为两层，铜带厚度 0.5mm，宽度 25mm²）

解：$S = U_1 T_1 W_1$ （2 分）

$S = 2 \times 0.5 \times 25 = 25$ （mm²）（2 分）

答：10kV 电缆金属屏蔽层面积为 25mm²。（1 分）

Lc3D3059 某台三相电力变压器，其一次绕组的电压为 6kV，二次绕组电压为 230V，求该变压器的变比？若一次绕组为 1500 匝，试问二次绕组应为多少匝？

解：$\because \dfrac{U_1}{U_2} = \dfrac{N_1}{N_2} = K$ （1 分）

其中 U_1、U_2 分别为变压器一、二次侧电压值。

N_N、N_2 分别为变压器一、二次侧绕组匝数，K 为变比。

$\therefore K = \dfrac{U_1}{U_2} = \dfrac{6000}{230} \approx 26$ （1 分）

$\therefore N_2 = \dfrac{N_1}{K} = \dfrac{1500}{26} \approx 58$ （匝）（2 分）

答：该变压器的变比为 26，二次绕组应为 58 匝。（1 分）

Jd3D3060 已知 350kV，300mm^2 XLPE 电力电缆单位长度电容为 0.188×10^{-13} F/m，$\varepsilon = 2.5$，$\mathrm{tg}\delta = 0.008$，求其单位长度绝缘层介质损耗为多少？

解：$W_i = \omega C U^2 \mathrm{tg}\delta$ （1 分）

取：$\omega = 2\pi f$ （1 分）

则：$W_i = 2\pi C U^2 \mathrm{tg}\delta$ （1 分）

$W_i = 578.5 \times 10^{-12}$ （W）（1 分）

答：单位长度绝缘层介质损耗为 578.5×10^{-12} W（1 分）

Jd3D4061 为了便于接头施工，工作井的结构尺寸主要决定于电缆立面弯曲时所需尺寸，现要做如图 D-4 所示工井及尺寸，求电缆立面弯曲所需的长度。（假设电缆外径 113mm，允许弯曲半径为 20mm）

解：$L = \sqrt{(Nd)^2 - \left(Nd - \dfrac{X}{2}\right)^2}$ （2 分）

$L = 2\sqrt{(20 \times 113)^2 - \left(20 \times 113 - \dfrac{650 \times 2}{2}\right)^2} = 3172\text{mm}$ （2 分）

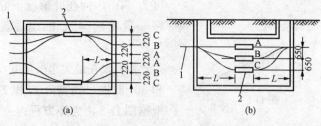

图 D-4

答：立面弯曲所需长度为 3127mm。（1 分）

Je3D2062　有一条 10kV、$3\times240\text{mm}^2$ 交联聚乙烯电缆，全长 2km，试计算该电缆线路的电容电流是多少？这条电缆可否进行带电拆塔尾线（10kV、$3\times240\text{mm}^2$ 交联聚乙烯电缆的电容值为 0.31μF/km，带电作业要求 $I_C<5\text{A}$）？

解：已知 $U=10\sqrt{3}$ kV，$L=2\text{km}$，$\omega=2\pi f=314$，$C=0.31$ μF/km

$$I_C=UL\omega C\times10^{-3}\ (\text{A})\ （2\ 分）$$

将已知数据代入公式

$$I_C=10/\sqrt{3}\times314\times0.3\times2\times10^{-3}=1.124\ (\text{A})\ （2\ 分）$$

答：该条电缆的电容电流为 1.124A，按带电作业规定电缆线路的电容电流不得大于 5A，架空线路的电容一般很小，所以该电缆线路可以进行带电拆塔尾线。（1 分）

Je3D2063　某 XLPE 电缆正常载流量 400A，短时过载温度 110℃，系数 1.15，问此时过载电流为多少？

解：$Ik=IK$（2 分）

$Ik=1.15\times400\text{A}=460\ (\text{A})\ （2\ 分）$

答：0℃温度下过载电流可达 460A。（1 分）

Je3D3064　有一刚体吊臂长 $l=6\text{m}$（不计自重），已知此吊臂在 60° 时能起吊 6t 物体。因现场空间限制，吊臂最大起吊角

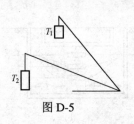

图 D-5

度为 30°，问在此情况下能否将一盘重约 4.5t 的电缆盘吊起？

解：设在最大起吊角度60°和 30° 时能吊物重为 T_1 和 T_2，根据图 D-5 由力矩方程得：

$$T_1 l\cos60° = T_2 l\cos30° \quad （2 分）$$

$$T_2 = \frac{T_1\cos60°}{\cos30°} = \frac{6\times\dfrac{1}{2}}{\dfrac{\sqrt{3}}{2}} = 2\sqrt{3} = 3.462 \quad （t）（1 分）$$

即最大能起吊 3.462t 物体。

又因为电缆盘重为 4.5t 大于 3.462t 物，所以不能起吊该电缆盘（1 分）

答：不能起吊 4.5t 重的电缆盘。（1 分）

Je3D3065　某电缆运行相电压最大值 64kV，切合空载电缆最大过电压倍数为 1.9，问在此操作过电压下护层过电压为多少？（经验系数 k_1=0.153）

解：　　　$U_s = k_1 k_2 U_{qm} = 0.153 k_2 U_{qm}$ （2 分）

　　　$U_s = 0.153\times1.9\times64 = 18$ （kV）（2 分）

答：操作过电压为 18kV。（1 分）

Je3D3066　设有一条长度 2530m 的电缆发生单相接地故障，此条电缆由两种不同截面和不同导体材料的电缆连接而成，其中靠近甲端的是铝芯 50mm^2 电缆，长 1530m；靠近乙端的是铜芯 35mm^2 电缆，长 1000m。用电桥测得，甲端数据为：

正接法：除臂 A_1=1000，调节臂 C=518.9

反接法：除臂 A_2=100，调节臂 C=190.0

求故障点离甲端的距离。

解：（1）将铜芯换算成铝芯的等值长度

$$L=1530+1000\times\frac{0.0184\times50}{0.031\times35}=2378\quad(m)（0.5分）$$

（2）正接法

$$X_A=\frac{C_1}{A_1+C_1}\times2L=\frac{518.9}{1000+518.9}\times2\times2378=1624.8\quad(m)$$

（1分）

（3）反接法

$$X_B=\frac{A_1}{A_2+C_2}\times2L=\frac{100}{100+190}\times2\times2378=1640m\quad（1分）$$

（4）正反接法的等值平均值为

$$X_L=\frac{1624.8+1640}{2}=1632.4m\quad（1分）$$

（5）将铜芯电缆复为实际长度

$$X_2=1530+(1632.4-1530)\times\frac{0.031\times35}{0.0184\times50}=1650.8m\quad（1分）$$

答：故障点离甲端1650.8m。（0.5分）

Je3D4067 测一条电缆零序阻抗，得数据如下：$U_0=7.2V$、$I=40.5A$、$P=280W$，求零序电抗多少？

解：$Z_0=3U_0/1$ $R=3P/1^2$（1分）

$X_0=\sqrt{Z_0^2-R_0^2}$（0.5分）

$Z_0=3\times7.2/40.5=0.53\Omega$（1分）

$R_0=3\times280/1640.25=0.51\Omega$（1分）

$X=\sqrt{0.53^2-0.51^2}=0.0144$（$\Omega$）（1分）

答：该电缆零序电抗为0.0144Ω。（0.5分）

Je3D4068 一带并联电阻避雷器由三个元件组成，各元件的试验结果如下：

149

$$1: \frac{U_1}{U_2} = \frac{4kV}{2kV} \quad \frac{I_1}{I_2} = \frac{500}{150}$$

$$2: \frac{U_1}{U_2} = \frac{4kV}{2kV} \quad \frac{I_1}{I_2} = \frac{510}{155}$$

$$3: \frac{U_1}{U_2} = \frac{4kV}{2kV} \quad \frac{I_1}{I_2} = \frac{390}{147} \quad （1分）$$

通过计算，其非线型系数差值是否符合要求？（差值≤0.04）（1分）

解：$\alpha = \log \dfrac{U_1}{U_2} \log \dfrac{I_1}{I_2}$　（可查表或用计算器）

$$\alpha_1 = 0.3/\log \frac{500}{150} = 0.574$$

$$\alpha_2 = 0.3/\log \frac{510}{155} = 0.580$$

$$\alpha_3 = 0.3/\log \frac{500}{150} = 0.574 \quad （1分）$$

答：该三元件可以组合。（1分）

Jf3D3069　有一"R—L—C"回路，已知 $R=2\Omega$，$L=0.1mH$，$C=0.04\mu F$，试计算谐振频率 f_0 和品质因数 Q 值。

解：$f_0 = 1/（2\pi\sqrt{LC}）$

$\qquad = 1/（2 \times 3.14 \times \sqrt{0.1 \times 10^{-3} \times 0.04 \times 10^{-6}}）$

$\qquad = 79618Hz$（1分）

$X_c = 1/(2\pi fc) = 1/(2 \times 3.14 \times 79618 \times 0.04 \times 10^{-6}) = 50\Omega$（1分）

或　$X_L = 2\pi fL = 2 \times 3.14 \times 79618 \times 0.1 \times 10^{-3} = 50\Omega$（1分）

$\therefore Q = X_c/R = X_L/R = 50/2 = 25\Omega$（1分）

答：谐振频率为 79618Hz 和品质因数 Q 值为 25Ω。（1分）

Jf3D4070　有一直流电流表的表头内阻 $R_g=200\Omega$，满刻度电流为 3mA，现将其改装成量程为 75V、150V、300V、600V 的电压表，倍压电路图如图 D-6 所示，试计算各附加电阻的阻值。

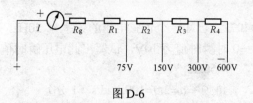

解：$R_1=U_1/I-R_g=75/0.003-200=24.8\text{k}\Omega$（1分）

$R_2=U_2/I-R_g-R_1=150/0.003-200-24800$
   $=47.32\text{k}\Omega$（1分）

$R_3=U_3/I-R_g-R_1-R_2$
   $=300/0.003-200-24800-47320$
   $=50\text{k}\Omega$（1分）

$R_4=U_4/I-R_g-R_1-R_2-R_3$
   $=600/0.003-200-24800-47320-5000$
   $=100\text{k}\Omega$（1分）

答：R_1、R_2、R_3、R_4 分别为 24.8kΩ、47.32kΩ、50kΩ、100kΩ。
（1分）

La2D3071 有一日光灯电路额定电压为 220V，电路电阻为 200Ω，电感为 1.66H，试计算这个电路的有功功率、无功功率、视在功率和功率因数。

解：$X_L=2\pi fL=2\times3.14\times50\times1.66=521\Omega$

$Z=\sqrt{R^2+X_L^2}=\sqrt{200^2+521^2}=558\Omega$

$I=U/Z=220/558=0.394\text{A}$

∴ $P=I^2R=200\times0.394^2=31\text{W}$（1分）

$Q=I^2X_L=0.394^2\times521=80.9\text{var}$（1分）

$S=I^2Z=558\times0.394^2=86.62\text{VA}$（1分）

$\cos\varphi=P/S=31/86.62=0.3578$（1分）

答：此电路有功功率为 31W，无功功率为 80.9var，视在功

率

率为 86.62VA，功率因数为 0.3578。（1 分）

La2D4072 已知一个正弦电压的频率为 50Hz，有效值为 $10\sqrt{2}$ V，$t=0$ 时瞬时值为 10V，试写出此电压瞬时值表达式。

解：∵ $f=50$Hz

∴ 角频率 $\omega=2\pi f=100\pi$rad/s（1 分）

又因为电压有效值 $U=10\sqrt{2}$ V 则电压幅值为

$$U_m=\sqrt{2}\times10\times\sqrt{2}=20V（1 分）$$

当 $t=0$ 时，$U=10$V

由于 $100\pi t=0$ 即 $\sin\varphi=1/2$ $\varphi=30°$ 或 $150°$（1 分）

故此电压瞬时值表达式为：$U=20\sin（100\pi t+30°）$V

或者 $U=20\sin（100\pi t+150°）$V（1 分）

答：电压瞬时值表达式为：$U=20\sin（100\pi t+30°）$V

或者 $U=20\sin（100\pi t+150°）$V（1 分）

Lb2D2073 已知国产 110kV 自容式充油电缆结构尺寸参数为：电缆线芯截面积 $A_c=400$mm^2；线芯半径 $r_c=14.7$mm；试计算线芯连接管半径和长度。

解：取 $A_1=0.8A_c$ $L_1=6r$

$$\pi r_1^2-\pi r_c^2=0.8A_c（1 分）$$

则 $r_x=\sqrt{\dfrac{0.8A_c+r_c^2}{\pi}}$（1 分）

$$r_x=\sqrt{\dfrac{0.8\times400+\pi\times14.7^2}{\pi}}=17.8（mm）（1 分）$$

$L_1=6\times17.8=106.8$（mm）（1 分）

答：连接管半径为 17.8mm，连接管长度为 106.8mm。（1 分）

Lb2D3074 用数字表达式表示三相敷设于一直线上，金属屏蔽层中感应电压。

解：$U_{s1}=I_2[(\sqrt{3}/2)(X_s+X_m)+(1/2)j(X_s-X_m)]$（V/m）（1 分）

$U_{s2}=-jI_2X_s$（V/m）

$U_{s3}=I_2[(\sqrt{3}/2)(X_s+X_m)+(1/2)j(X_s-X_m)]$

（V/m）（1 分）

式中 $X_1=X_3=X_s=2\omega\ln2\times10^{-7}$（Ω/m）

$X_a=X_b=X_m=2\omega\ln2\times10^{-7}$（Ω/m）（1 分）

答：感应电压分别为 $I_2[(\sqrt{3}/2)(X_s+X_m)+(1/2)j(X_s-X_m)]$、

$-jI_2X_s$、$I_2[(\sqrt{3}/2)(X_s+X_m)+(1/2)j(X_s-X_m)]$。

Lb2D3075 某一负荷 P=50kW 采用 380/220V 低压供电，供电距离为 150m，按允许电压损失选择电线电缆截面积方式，这条铝芯电缆截面该是多少？（已知计算常数为 46.3，线路允许电压损失为 5%）

解：$S\geqslant\dfrac{\sum M}{C\cdot\Delta u}$ （2 分）

$S=\dfrac{M}{C\cdot\Delta u}=\dfrac{50\times150}{46.3\times5}=32.47\text{mm}^2$ （1 分）

答：选用 35mm² 铝芯电缆较为合适。（2 分）

Lb2D4076 写出单位长度下电缆线芯直流电阻表达方式，并解释式中字母的含义。（数据可略）

解：$R=\dfrac{\rho_{20}}{A}[1+\alpha(\theta-20°)]k_1k_2k_3k_4k_5$ （0.5 分）

解释：R 为单位长度线芯 0℃时直流电阻，Ω/m；（0.5 分）

A 为线芯截面积；（0.5 分）

ρ_{20} 为线芯 20℃时材料电阻率；（0.5 分）

α 为电阻温度系数；（0.5 分）

k_1 为单根导体加工过程引起金属电阻增加系数；（0.5 分）

k_2 为绞合电缆时，使单线长度增加系数；（0.5 分）

k_3 为紧压过程引入系数；（0.5 分）

k_4 为电缆引入系数；（0.5 分）

k_5 为公差引入系数。（0.5 分）

Lb2D4077 设电缆线芯屏蔽半径为 R_C，绝缘外表面半径为 R，写出当电缆承受交流电压 V 时，距离线芯中心任一点绝缘层中最大和最小的电场强度计算公式。

解：（1）$E=R_C E_C/r$ $dV=Edr$（1 分）

即 $V=E_C R_C \ln(R/R_C)$（1 分）

（2）$E_{max}=\dfrac{V}{R_C}\ln(R/R_C)$（1.5 分）

（3）$E_{min}=\dfrac{V}{R_C}\ln(R/R_C)$（1.5 分）

Lb2D5078 用数字表达式表示三相敷设于等边三角形顶点，金属屏蔽层中的感应电压。

解：$U_{s1}=-jI_1X_S$（V/m）

$U_{s2}=-jI_2X_S$（V/m）

$U_{s3}=-jI_3X_S$（V/m）（2 分）

式中 $X_1=X_2=X_S=2\omega\ln(2S/D)\times10^{-7}$（Ω/m）

$X_a=X_b=0$（2 分）

Lc2D3079 如图 D-7（a）所示，在坡度为 10° 的路面上移动 20t 的物体，物体放在木托板上，在托板下面垫滚杠，试求移动该物体所需的拉力。（已知：滚动摩擦力 $f=0.3t$，$\sin10°=0.174$，$\cos10°=0.985$）

解：如图 D-7（b）所示，下滑力（即重力作用产生的分力）H 为：（1T=9800N）

$H=Q\sin10°=20\times0.174=3.48$（T）$=34104$（N）

拉力 $F\geq H+f=3.48+0.3=3.78$（T）$=37044$（N）

答：所需的拉力为 37044N。

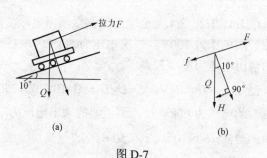

图 D-7

Jd2D3080 为了便于接头施工，工作井的结构尺寸主要决定于电缆立面（平面）弯曲时所需尺寸，现要做如图 D-8 所示⊥井及尺寸，求电缆平面弯曲所需的长度。（假设电缆外径 113mm，允许弯曲半径为 20mm）

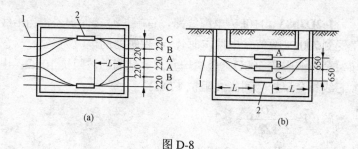

图 D-8

（a）工井平面主要尺寸；（b）电缆Ⅰ中间接头

解：
$$L=\sqrt{(Nd)^2-\left(Nd-\frac{X}{2}\right)^2}\quad（2分）$$

计算：
$$L=2\sqrt{(20\times113)^2-\left(20\times113-\frac{220\times2}{2}\right)^2}$$
$$=1945mm\quad（2分）$$

答： 平面弯曲所需长度为 1945mm。（1分）

Je2D2082 有一条 10kV 高压电缆，要做 60kV 直流耐压试验，并在 1/4、1/2、3/4 及全电压时测量泄漏电流值，如试验变压器的一次电压为 200V，二次电压为 50kV，求各试验电压调压器的输出电压为多少？

解：已知 $U=60kV$，$K=U_2/U_1=50×10^3/200=250$

整流后的电压为 60kV 时，调压器的输出电压为

$U_0=U/\sqrt{2}K=60×10^3/\sqrt{2}×250=169.7$（V）

$U_{1/4}=169.7/4=42.4$（V）

$U_{1/2}=169.7/2=84.8$（V）

$U_{3/4}=169.7×3/4=127.2$（V）

答：各试验电压调压器的输出电压为 169.7V，42.2V，84.8V，127.2V。

Je2D3083 110kV 电缆线路，首端护套接保护器，当沿线路受到 700kV 幅值雷电冲击时，流经保护器的电流为多少？（已知架空线波阻抗 500Ω；金属护套和大地间的波阻抗 100Ω；电缆芯线和金属护套间的波阻抗 17.8Ω）

解：$i=\dfrac{2U_0}{Z_0+Z_1+Z_2}$ （2 分）

$i=\dfrac{2U_0}{Z_0+Z_1}=\dfrac{2×700}{500+17.8}=2.7$（kA）（2 分）

答：流经首端保护器的电流为 2.7kA。（1 分）

Je2D3084 Y 接法保护器在发生单相接地短路和三相短路时所受频电压之比为多少？

解：单相接地短路时：

$$U_{Y1}=-\frac{1}{2}I(X_S-Z_{00})\text{（V）（1.5 分）}$$

三相短路：$U_{Y3}=-\dfrac{1}{2}I\sqrt{3}(X_S-Z_{00})$（V）（1.5 分）

$$\frac{U_{Y1}}{U_{Y3}}=\frac{-\frac{1}{2}I(X_s-Z_{00})}{-\frac{1}{2}I\sqrt{3}(X_s-Z_{00})}=\frac{1}{\sqrt{3}}\quad（1分）$$

答：单相接地短路和三相短路时保护器所受工频电压之比为 $1:\sqrt{3}$。（1分）

Je2D4085 设有一微安表的量程范围为 $0\sim100\mu A$，测得微安表的内阻 R_m 为 2000Ω，现将其扩大量程到 1mA（×10）10mA（×100）100mA（×1000）三档，求分流电阻 $R_1R_2R_3$ 的值各为多少？

解：根据并联电阻计算法可得需要分流电阻值 R 为：

$$R=\frac{R_m}{N-1}\quad（\Omega）$$

其中 R_m 为表内阻；N 为扩大倍数（1分）
需要 $N=10$ 时，

$$R_1+R_2+R_3=\frac{R_m}{N-1}=\frac{2000}{10-1}=222.2\quad（\Omega）（1分）$$

$$(R_2+R_3)(N-1)+R_2+R_3=222.2\quad（1分）$$

代入 $R_2=R_3（N-1）$，则有

$R_3=2.222\Omega$，$R_2=20\Omega$，$R_3=200\Omega$（1分）

答：量程扩大 10 倍分流电阻为 222.2Ω。
量程扩大 100 倍分流电阻为 22.22Ω。
量程扩大 1000 倍分流电阻为 2.22Ω。（1分）

Je2D4086 三根电缆成品字形直接穿管敷设，保护管内径 150cm，电缆外径皆为 86mm，设起拉力为 750kg/m，摩擦系数 0.4，电缆单位质量 9.8kg/m，管路长 50m，求在该路段电缆所受牵引力。

解：$T_1=T_C+U_cW_{li}$（2分）

$$C=1+\left[\frac{4}{3}+\left(\frac{d}{D-d}\right)^2\right]$$

$$T=750+0.4\times\left\{1+\left[\frac{4}{3}+\left(\frac{d}{D-d}\right)^2\right]\right\}\times9.8\times50$$

$$=1553.6\ (kg/m)\ (2\ 分)$$

答：该管路上电缆所受牵引力为 1556.6kg/m。（1 分）

Je2D4087 欲在一条长 500m 混凝土马路下预埋电力管道，管道数量为 4 孔，水平排列，管外径 150mm，设计要求管顶离路面深度不小于 0.7m，求挖填土方各多少？（浅挖沟槽不计放电系数，水泥路面和水稳厚度 25cm）

解：挖方 $V_1=L\cdot a\cdot h=L\cdot[nD+0.1(n-1)+0.2\times2]\cdot(h-6)$

式中 n 为管孔数

设：0.1 为管间距离，2×0.2 为边管与槽壁距离（1 分）

$V_1=500\times[4\times0.15\times0.1\times(4-1)+0.2\times2]\times(0.7-0.25)$

$=500\times1.3\times0.45$

$=292.5\ (m^3)\ (1\ 分)$

$$V_2=V_1-\left(\frac{1}{2D}\right)^2\pi\cdot n\cdot L\ (1\ 分)$$

$V_2=292.5-35.2=257.3\ (m^3)\ (1\ 分)$

答：挖方为 292.5m³，填方为 257.3m³。（1 分）

Je2D5088 测试一条电缆的正序阻抗，得到以下数据：
$U_{AB}=9.2V$；$U_{BC}=9.6V$；$I_A=20A$；$I_B=20.5A$；$I_C=19.5A$；$W_1=185W$；$W_2=82.5W$，求缆芯正序电抗。

解：$Z_1=\dfrac{V}{\sqrt{3}I}$ $R_1=\dfrac{W_1+W_2}{3I^2}$ $X=\sqrt{Z_1^2-R_1^2}$ （1.5 分）

$U_{av}=(9.6+9.2)\div2=9.4\ (V)$

$I_{av}=(20+20.5+19.5)\div3=20\ (A)$

$$P=W_1+W_2=267.5\text{W}（1.5 \text{分}）$$

$$Z=\frac{9.4}{\sqrt{3}I}=0.27（\Omega）$$

$$R=\frac{267.5}{3\times400}=0.22（\Omega）$$

$$X=\sqrt{0.072-0.048}=\sqrt{0.024}=0.155（\Omega）（1\text{分}）$$

答：该缆芯正序电抗为 0.0155Ω。（1 分）

Jf2D3089 有一线圈接到电压 U=220V 直流电源上时功率 P_1 为 1.2kW，接到 50Hz 220V 交流电源上时功率 P_2=0.6kW，求其感抗和电感？

解：$R=U^2/P_1=220^2/1200=40.3（\Omega）（1\text{分}）$

$\because P_2=\cos\varphi\times U^2/Z=U^2/\sqrt{R^2+X_L^2}\times R/\sqrt{R^2+X_L^2}=$
    $U^2R/(R^2+X_L^2)（1\text{分}）$

$\therefore X_L=\sqrt{U^2R/P_2-R^2}=\sqrt{220^2\times40.3/600-40.3^2}=40.4\,\Omega$（1 分）

$L=X_L/W=X_L/2\pi f=40.4/2\times3.14\times50=128.7（\text{mH}）（1\text{分}）$

答：其感抗和电感分别为 40.4Ω 和 128.7mH。（1 分）

Jf2D4090 某厂供电线路的额定电压是 10kV，平均负荷 P=400kW，Q=300kvar，若将较低的功率因数提高到 0.9，还需装设补偿电容器的容量 Q' 为多少？

解：当功率因数提高到 0.9 时，其输送视在功率为：

$$S=P/\cos\varphi=400/0.9=444.4（\text{kVA}）（1\text{分}）$$

$$\sin\varphi=\sqrt{1-\cos^2\varphi}=\sqrt{1-0.9^2}=0.434（1\text{分}）$$

而输送无功功率为 $Q_1=S\times\sin\varphi=444.4\times0.434=193.7（\text{kvar}）$（1 分）

还需装设电容器的容量为 $Q'=Q-Q_1=300-193.7=106.3$（kvar）（1 分）

答：还需装设补偿电容器的容量为 106.3kvar。（1 分）

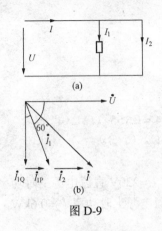

(a)

(b)

图 D-9

La1D4091 如图 D-9（a）所示，有一支日光灯和一支白炽灯并联在 f=50Hz，电压 U=220V 电源上，日光灯功率 P_1=40W，$\cos\varphi$=0.5，白炽灯功率为 60W，问日光灯支路电流 I_1，白炽灯支路电流 I_2 和总电流是多少？

解：（1）$I_1 = P_1/UI\cos\varphi = 40/(220\times0.5) = 0.363$（A）

（2）$I_2 = P_2/U = 60/220 = 0.273$（A）

$\because \cos\varphi=0.5 \quad \therefore \varphi=60°$

即：I_1 比 U 滞后 $60°$，I_2 与 U 同相位，其相量图为图 D-9（b）：

$$I = \sqrt{I_{1Q}^2 + (I_{1P} + I_2)^2}$$
$$= \sqrt{(I_1\sin\varphi)^2 + (I_1\cos\varphi + I_2)^2}\,(I_1\sin\varphi)^2$$
$$= \sqrt{(0.363\times\sin 60°)^2 + (0.363\times\cos 60° + 0.273)^2}$$

=0.553A

答：日光灯支路电流 I_1 为 0.363A，白炽灯支路电流 I_2 为 0.273A，总电流是 0.553A。

Lb1D4092 已知 10kV3×240mm² 铜芯交联聚乙烯电缆绝缘厚度为 5.4mm，导体半径为 9.91mm，试计算该电缆绝缘所承受的最大电场强度是多少？

解：电缆绝缘承受的最大电场强度计算公式为：

$$E_{max} = U/(r_c\ln R/r_c)，其中，U=10/\sqrt{3}，r_c=9.91mm，$$
$$R=9.91+5.4=15.31（mm）$$

代入公式，得：$E_{max} = 10/(\sqrt{3}\times9.91\times\ln 15.31/9.91) = 1.34$

（kV/mm）

答：电缆绝缘所承受的最大电场强度是 1.34kV/mm。

Lb1D5093 用数字计算公式说明 XLPE 绝缘中缺陷对电场的影响，并通过计算或已掌握的数据说明，当 h/r 分别等于 2，5，10 时 K 值和 E_{max} 值。

解：$K=E_{max}/E$

$$= 2(2h/r-1)1.5/[\sqrt{2h/r}\ln(4h/r+1)$$
$$2\sqrt{h/r(4h/r-2)-1}-2\sqrt{2h/r-1}（2分）$$

式中 h 为椭圆节疤的高度

r 为椭圆尖端的尖端（1分）

（1）$h/r=2$ 时，$K=5.8E_{max}/$（kV/mm）=435

（2）$h/r=5$ 时，$K=5.8E_{max}/$（kV/mm）=735

（3）$h/r=10$ 时，$K=5.8E_{max}/$（kV/mm）=1125（1分）

答：通过以上数据说明 XLPE 绝缘半导体电屏蔽的节疤，绝缘中的杂质等缺陷处的电场强远大于其本身所固有的击穿强度。（1分）

Lc1D4094 如图 D-10 所示，试列出计算电路中各支路电路方程组。

解：根据基尔霍夫定律列出电路方程

（1）$E_1=6I_2+6I_4$　　$6I_4-10I_6=7I_5$

$I_3+I_5=I_6$

（2）$6I_2+7I_5=5I_3$　　$I_2=I_4+I_5$　　$I_4+I_6=I_1$

（少一方程扣一分）

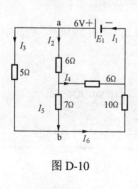

图 D-10

Jd1D4095 已知电缆芯线和金属护套间的波阻抗为 17.8Ω，架空线波阻抗为 500Ω，金属护套和大地间的波阻抗为

100Ω，当沿线路袭来的雷电进行波幅值为 700kV 时，在某 110kV 电缆线路的接端所受冲击电压为多少？当首端装有 FZ–110J 并动作时又是什么？（残压 332kV）

解：（1）$U_A = 2U_0 \dfrac{Z_2}{Z_0 + Z_1 + Z_2}$ （1分）

$$U_A = 2 \times 700 \times \frac{100}{500 + 17.8 + 100} = 226.5 \text{（kV）（1分）}$$

（2）当残压 $U_S = 332$ 时，

则 $\quad U_A = 2 \times 232 \times \dfrac{100}{500 + 17.8 + 100} = 107.47 \text{（kV）（2分）}$

答：当雷电电压 700kV 时，护套不接地端电压 226.5kV；当装有避雷器并动作时，（避雷器残压 332kV 时）护套电压为 107.47kV。（1分）

Je1D3096 我们在计算如图所示的凹曲面垂直弯曲部分牵引力时，用以下公式 $T_2 = T_1 \varepsilon^{\mu\theta} + \dfrac{WR}{1 + \mu^2}$ $[(1-0.2)^2 \sin\theta + 2 \times \mu(\varepsilon^{\mu\theta} - \cos\theta)]$，并已知 T_1 为弯曲前的牵引力 38.04N，摩擦系数 $\mu = 0.2$，θ 弯曲部分圆心 90° 角，R 为电缆弯曲半径 3m，W 为 0.25N/m，求弯曲后牵引力等于多少？侧压力多少？

解：公式：$T_2 = T_1 \varepsilon^{\mu\theta} + \dfrac{WR}{1 + \mu^2} [(1-0.2)^2 \sin\theta + 2 \times \mu(\varepsilon^{\mu\theta} - \cos\theta)]$ （1分）

计算：$T_2 = 38.04 \times \varepsilon^{0.2 \times \frac{\pi}{2}} + \dfrac{0.25 \times 3}{1 + 0.2^2} [(1 - 0.2)]^2 \sin 90° + 2$

$\times 0.2 \left(\varepsilon^{0.2 \times \frac{\pi}{2}} - \cos 90° \right) = 53.17 \text{kN}$ （1分）

T（侧压力）$= T_2 / 3 = 17.72 \text{kN/m}$ （2分）

答：牵引力 53.17kN，侧压力 17.72kN/m。（1分）

Je1D4097 一条充油电缆线路安装如图 D-11 所示，设最

小油压 P_{min}=0.02MPa，最大油压 P_{max}=0.35MPa（ρ=0.868），储备油压 P_s=0.03MPa，问电触点高油压报警整定值为多少？

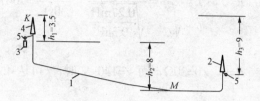

图 D-11

1—电缆；2—下终端头；3—压力箱；4—上终端头；
5—压力表或电触点压力表

解：（1）$P_h=P_{max}-h_2P\times0.98\times10^{-2}$

$P_h=0.35-8\times0.868\times0.98\times10^{-2}=0.28$MPa（2分）

（2）电触点压力表装在低压端终端头时，有

$P_h=P_{max}-(h_1+h_2+h_3)\rho\times0.98\times10^{-2}$

$P_h=0.35-(3.5+8-9)\times0.868\times0.98\times10^{-2}$

$=0.33$MPa（2分）

答：电触点压力表装在高端时，高油压报警值 0.28MPa，表在低端时，高油压报警值为 0.33MPa。（1分）

Je1D5098 电缆直流耐压试验后要经放电电阻放电，否则会损坏设备，放电电阻小于多少线路会发生振荡？用数学公式表达发生振荡的频率和电流？当放电电阻为 0，L=0.27mH，C=0.3μF，电缆充电电压为 140kV 时，振荡电流最大瞬时值为多少？

解：（1）当放电电阻小于 $\sqrt{4L/C}$ 时，线路会发生振荡。（1分）

（2）振荡频率为 $50=\dfrac{1}{2\pi}\sqrt{\dfrac{1}{LC}-\dfrac{R_2}{2L_2}}$（1分）

振荡电流为 $I=\dfrac{V}{2\pi f_0 le}-\dfrac{R_t}{21}\sin(2\pi f_0 t)$ （1分）

（3）当 $R=0$ 时 $I=\dfrac{V}{\sqrt{\dfrac{L}{C}}}=\dfrac{140\text{kV}}{\sqrt{\dfrac{0.27\text{mH}}{0.3\mu\text{F}}}}=\dfrac{140\text{kV}}{30\Omega}=4667$（A）（1分）

答：当 $R=0$、$Z0=30\Omega$，而 $V=140$kV 时，I 可达 4667（A）。（1分）

Jf1D4099 有一单相桥式整流电路,由于 f=50Hz,U=220V 的电源供电,输出的直流电压 U_0=45V, 负载电流 I_L=200mA, 试选择整流二极管及滤波电容 C_0。

解：I_D=1/2I_L=0.5×200=100mA（1分）

$U_{RM}=\sqrt{2}\times U_2=\sqrt{2}U_0/0.9=1.41\times45/0.9=70.7$V

可根据 I_D 和 U_{RM} 值选择满足要求且参数最小的二极管（1分）

又 ∵R_L=U_0/I_L=45/200×10^{-3}=225Ω（1分）

R_LC=4×τ/2 ∵f=50Hz ∴τ=0.02s

即 C=（4×τ/2）/R_L=0.04/225=180μF

答：选取接近 C 值的电容器即可。（2分）

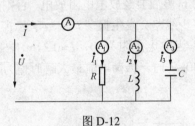

图 D-12

Jf1D5100 如图 D-12 正弦交流电路中，$X_L<X_C$ 电流表 A, A_1, A_3 读数各为 5A, 4A, 6A。求（1）电流表 A_2 的读数。（2）U 达到零值时各支路的电流及总电流的大小。

解：（1）$I=\sqrt{I_1^2+(I_2-I_3)^2}$

$5=\sqrt{4^2+(I_2-6)^2}$

$$I_2 = 9 \text{（A）（1 分）}$$

（2）U 达到零值时

$$I_R = 0 \text{（1 分）}$$

$$\dot{I}_L = \sqrt{2} \times I_2 \sin(\omega t - \pi/2) = (-1.41) \times 9 = -12.73 \text{（A）（1 分）}$$

$$\dot{I}_C = \sqrt{2} I_3 \sin(\omega t + \pi/2) = 1.41 \times 6 = 8.48 \text{（A）（1 分）}$$

$$I = I_L + I_C = (-12.73) + 8.48 = -4.25 \text{（A）（1 分）}$$

答：U 达到零值时，$I_R = 0$，$\dot{I}_L = -12.73A$、$\dot{I}_C = 8.48A$，总电流为$-4.25A$。

4.1.5 绘图题

La5E1001 画出视在功率 S 与有功功率 P、无功功率 Q 的关系功率三角形。

答：见图 E-1。

La5E2002 画出 L、C 滤波电路图。

答：见图 E-2。

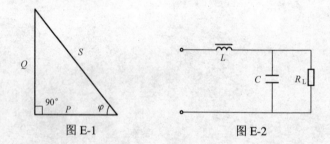

图 E-1   图 E-2

Lb5E1003 如图 E-3 所示，标出三芯交联聚乙烯电缆结构的各部分名称。

答：见图 E-4。

图 E-3

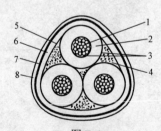

图 E-4

1—导体；2—绝缘层；3—半导体屏蔽层；

4—填料；5—钢带屏蔽；6—挤塑护套；

7—铠装层；8—沥青黄麻层

Lb5E1004　根据如图 E-5 所示立体图，画出三面投影图。

答：见图 E-6。

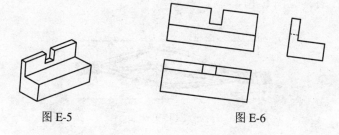

图 E-5　　　　　　　　　　　　图 E-6

Jb5E2005　画出聚氯乙烯电力电缆断面结构图，并标出结构的各部分名称。

答：见图 E-7。

Jb5E2006　画出 DGC 型闪测仪定点探头基本结构图。

答：见图 E-8。

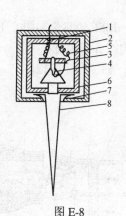

图 E-7　　　　　　　　　　　图 E-8

1—线芯；2—聚氯乙烯绝缘；　　　1—信号线；2—外隔离；3—压电晶体；

3—聚氯乙烯内护套；4—铠装层；　4—绝缘小棒；5—屏蔽地线；6—内

5—填料；6—聚氯乙烯外护套　　　隔离；7—固定螺母；8—探针

Jb5E3007 如图 E-9 所示，标出 10kV 交联聚乙烯热缩电缆中间接头的制作尺寸。

答： 见图 E-10。

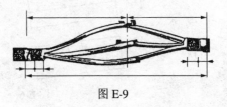

图 E-9

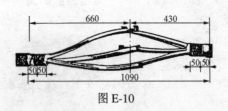

图 E-10

Jb5E4008 如图 E-11 所示，标出 35kV 交联电缆预制接头结构的各部名称。

答： 见图 E-12。

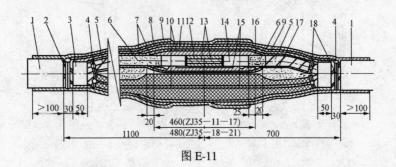

图 E-11

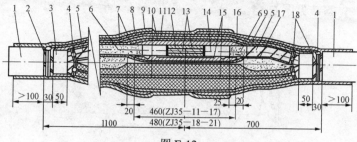

图 E-12

1—电缆外护套；2—电缆铠装；3—电缆内护套；4—焊点；
5—电缆屏蔽层；6—电缆半导电层；7—热缩内护套管；8—铜编
织带（连接电缆铠装用）；9—热缩外护套管；10 钢编织网；
11—预制件；12—连接管；13—电缆导体；14—电缆绝缘层；
15—铜编织带（连接电缆铜屏蔽层用）；16—半导
电带缠绕体；17—密封填料；18—铜扎线

Lc5E2009 画出单母线分段的主接线图（带分段断路器）。

答：见图 E-13。

Jd5E1010 画出塑料电缆正常电场分布示意图。

答：见图 E-14。

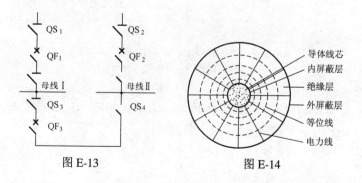

图 E-13   图 E-14

Jd5E2011 画出电力电缆在直流电压作用下，绝缘内泄漏电流的电流—时间特性图。

答：见图 E-15。

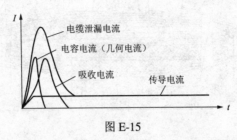

图 E-15

Je5E1012　如图 E-16 所示，标出 10kV 交联聚乙烯电缆绕包接头切削绝缘及反应力锥尺寸和结构名称。

答：见图 E-17。

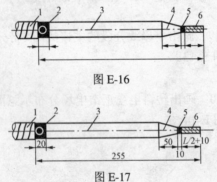

图 E-16

图 E-17

1—铜屏蔽带；2—外半导电层；3—交联绝缘；4—反应力锥；
5—内半导电层；6—导体；L—接管长度

Je5E1013　如图 E-18 所示，请标出 35kV XLPE 单芯电缆冷缩中间接头各部名称及主要尺寸。

答：见图 E-19。

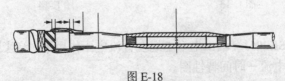

图 E-18

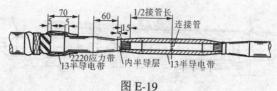

图 E-19

Je5E1014 如图 E-20 所示，标出 10kV 交联电缆热缩接头切削绝缘及应力锥尺寸和结构名称。

答：见图 E-21。

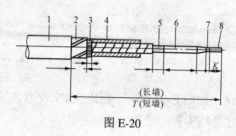

图 E-20

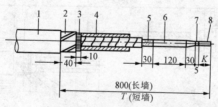

图 E-21

1—外护套；2—钢带铠装；3—内衬层；4—钢带屏蔽；5—半导电层外屏蔽；
6—线芯绝缘；7—半导电层内屏蔽；8—导线；K—连接管
长度的 1/2 加 5mm；T—电缆短端尺寸

Je5E2015 如图 E-22 所示，标出 35kV 交联电缆绕包接头结构各部分名称。

答：见图 E-23。

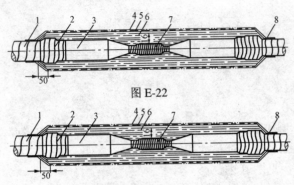

图 E-22

图 E-23

1—铜屏蔽带；2—Scotch2220 应力控制带；3—交联聚乙烯绝缘；4—金属屏蔽网
（1/2 搭盖）；5—半导电带（1/2 搭盖、100%拉伸、两层）；6—Scotch23
绝缘带（1/2 搭盖、100%拉伸）；7—半导电带；8—扎线、焊接

Je5E2016 如图 E-24 所示，标出 35kV 交联乙烯电缆预制
接头剥切尺寸及结构各部名称。

答：见图 E-25。

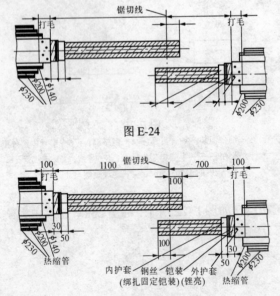

图 E-24

图 E-25

Je5E2017 绘出测量电缆绝缘电阻接线方法示意图。

答：见图 E-26。

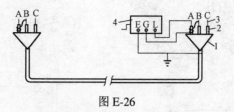

图 E-26

1—电缆终端头；2—套管或绕包的绝缘；3—线芯导体；4—500~2500V 兆欧表

Je5E3018 绘出兆欧表核相接线示意图。

答：见图 E-27。

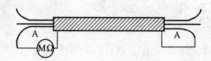

图 E 27

Lf5E1019 请把如图 E-28 所示家用单相电能表接入电路中。

答：将 L 端与①端相接，将 N 端与④相接；将 1 与③端相接，将 n 与⑤端相接。图请考生另画。

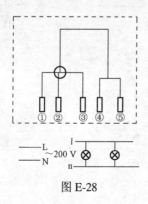

图 E-28

Jf5E2020 如图 E-29 所示,将一个 K,双线圈镇流器 L,启辉器 S 和日光灯 D,接于 220V 交流电源上,画出该接线图。

答:见图 E-30。

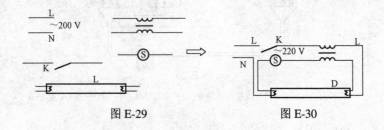

图 E-29　　　　　　　　　　　　图 E-30

La4E1021 标示虚线框图 E-31 中的相电压与线电压。

答:见图 E-32。

La4E2022 画出正序、负序、零序各分量图。

答:见图 E-33。

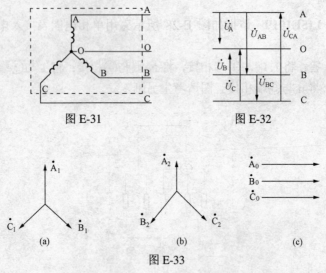

图 E-31　　　　　　　　　图 E-32

图 E-33

(a) 正序分量; (b) 负序分量; (c) 零序分量

Lb4E1023 如图 E-34，标出交联聚乙烯电缆断面结构各部分名称。

答： 见图 E-35。

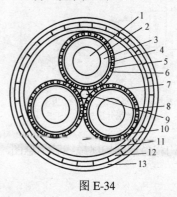

图 E-34

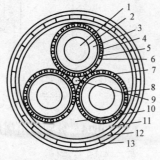

图 E-35

1—线芯；2—线芯屏蔽；3—交联聚乙烯绝缘；
4—绝缘屏蔽；5—保护带；6—铜丝屏蔽；
7—螺旋钢带；8—塑料带；9—中心填芯；
10 填料；11—内护套；12—铠装层；
13—外护层

Lb4E2024 如图 E-36 所示，标出牵引头与单芯电缆的连接结构图及各部分名称。

答： 见图 E-37。

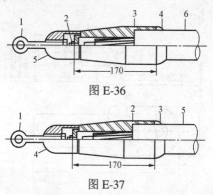

图 E-36

图 E-37

1—牵引梗；2—牵引套；3—铅封；4—牵梗套；5—电缆铅护套

175

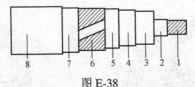

Lb4E2025 绘出 110kV 单芯交联聚乙烯绝缘电缆结构图，并标出各部分名称。

答：见图 E-38。

图 E-38

1—导线；2—屏蔽层；3—交联聚乙烯绝缘；4—屏蔽层；5—保护层；
6—铜保护层；7—保护层；8—聚氯乙烯外护套

Lb4E2026 分别画出扇形结构和弓形结构电缆线芯示意图。

答：见图 E-39。

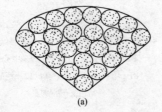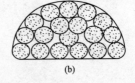

图 E-39

（a）扇形线芯结构； （b）弓形线芯结构

Lb4E3027 绘出 DT 型铜端子的正视图和侧视图。

答：见图 E-40。

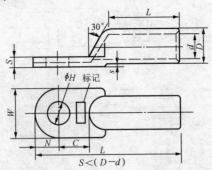

图 E-40　铜端子（DT 型）

Lb4E4028 绘出 35kV 中间接头的绝缘梯步，并标出剥切间距尺寸和剥切百分数。

答：见图 E-41。

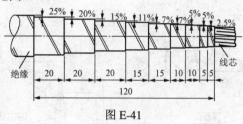

图 E-41

Lc4E2029 画出单相半波整流电容滤波图。

答：见图 E-42。

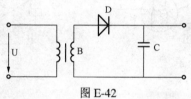

图 E-42

Jd4E2030 如图 E-43 所示，标出直埋电缆牵引敷设施工内容示意图的名称。

答：见图 E-44。

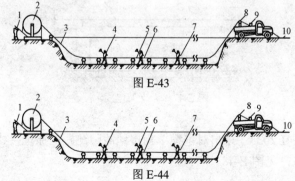

图 E-43

图 E-44

1—制动；2—电缆盘；3—电缆；4、7—滚轮监视人；5—牵引头及监视人；
6—防捻器；8—张力计；9—卷扬机；10—锚定装置

Jd4E3031 如图 E-45 所示，标出 220kV 交联聚乙烯电缆终端头制作打磨半导体锥尺寸示意图。

答： 见图 E-46。

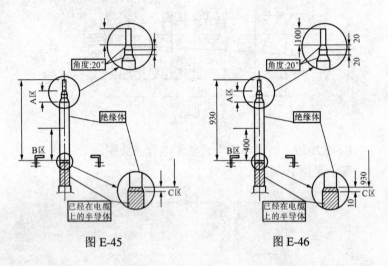

图 E-45 　　　　　　　　　　　图 E-46

Je4E1032 绘出无支架电缆沟剖面图（电力电缆与控制电缆共沟）。

答： 见图 E-47。

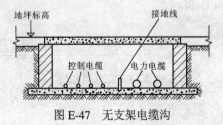

图 E-47　无支架电缆沟

Je4E2033 绘出对电缆单相接地故障测距的原理接线图。

答： 见图 E-48。

Je4E2034 绘出感应法探测电缆位置接线图及声音变化

曲线图。

答：见图 E-49。

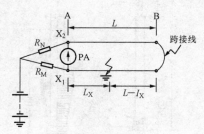

图 E-48

A、B—电缆的两端；L—电缆全长；L_X—A 端到故障点的距离；
R_M—电桥的比率臂电阻；R_N—电桥测定臂电阻

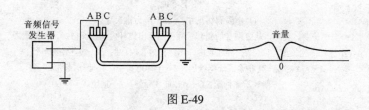

图 E-49

Je4E2035 如图 E-50 所示，标出 WTC-515 型 35kV 交联聚乙烯电缆终端头结构：（a）电缆剥切尺寸；（b）应力锥尺寸。

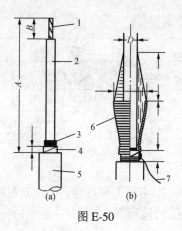

图 E-50

答：见图 E-51。

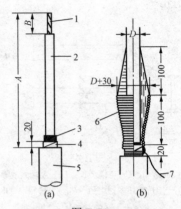

图 E-51

（a）电缆剥切尺寸； （b）应力锥尺寸

A—剖铅长度，实测，从终端合的瓷套管底平面至出线杆内孔顶部+120，不同截面
出线杆内孔长度不同；B—导线长度，出线杆内孔深+38；D—线芯绝缘外径；

1—导线；2—交联聚乙烯绝缘层；3—半导电布带；4—铜屏蔽带；

5—聚氯乙烯护套；6—ϕ2.02 软铅丝；7—接地线

Je4E3036 绘出用串联电阻法使微安表扩大量程×10，
×100，×1000 时的接线图。

答：见图 E-52。

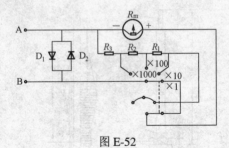

图 E-52

Je4E3037 绘出电缆充电过程，电压随时间增长而逐渐升
高，稳定变化情况的波形图。

答：见图 E-53。

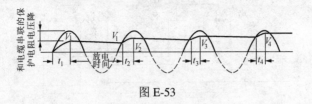

图 E-53

Je4E4038 绘出用 2 倍压试验电缆接线图。
答：见图 E-54。

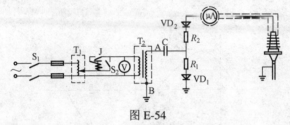

图 E-54

VD—高压硅堆；μA—微安表；S_1、S_2—开关；C—脉冲电容器；J 脱扣线圈；

A、B—T_2 高压侧的两个端点；T_1—调压器；R_1、R_2—限流保护电阻；

T_2—高压试验变压器；V—电压表

Jf4E2039 画出三相四线制对称负荷电路图。
答：见图 E-55。

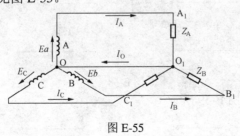

图 E-55

Jf4E3040 画出用两块单相电能表测量低压三相三线制的
三相电路接线原理图（不用电流互感器）。

答：见图 E-56。

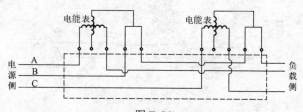

图 E-56

注：虚线框外为本题提供的已知条件，虚线框内为正确接法。

La3E3041 画出电动势 $e=40\sin(\omega t+60°)$ V 的波形图。

答：见图 E-57。

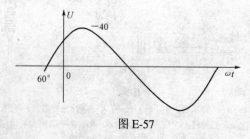

图 E-57

La3E4042 如图 E-58 所示，分别画出（a）、（b）相应简化的等效电路图。

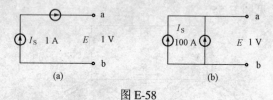

图 E-58

答：如图 E-59 所示。

图 E-59

Lb3E2043 如图 E-60 所示，标出 35kV 交联聚乙烯中间接头结构的各部分名称及尺寸数据。

答：见图 E-61。

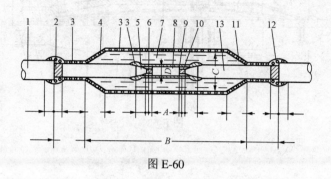

图 E-60

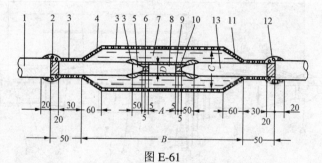

图 E-61

A—连接管长度；B、C—依据电缆截面选用的加热模具决定；D—连接管外径；

1—聚氯乙烯护套；2—屏蔽铜带；3—乙炳橡胶带；4—铜屏蔽网套；

5—反应力锥；6—填充乙炳橡胶带；7—化学交联带；

8—连接管；9—导线；10—导线屏蔽；

11—应力锥；12—锡焊；

13—交联聚乙烯绝缘

Lb3E3044 如图 E-62 所示，标出 220kVSF$_6$ 全封闭组合电器用的电缆终端头的结构各部分名称。

答：见图 E-63。

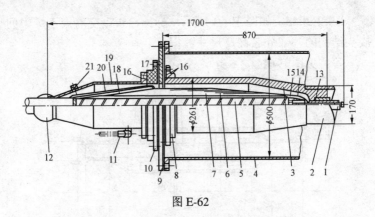

图 E-62

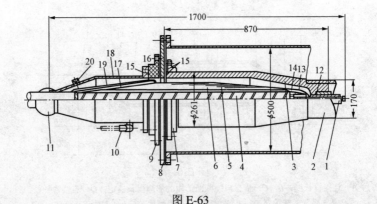

图 E-63

1—出线杆；2—高压屏蔽；3—环氧树脂套管；4—电缆线芯绝缘；5—电容极板；
6—油纸电容锥；7—套管法兰；8—底板；9—卡环；10—接地端子；11—铅封；
12—轴封垫；13—绝缘皱纹纸；14—极板引线；15—"O"型密封圈；
16—护层绝缘套管；17—半导体皱纹纸；18—尾管；
19—电容锥支架；20—尾管阀座

Lb3E3045 标出 10kV 三芯电缆冷收缩型终端的各部分名称，如图 E-64 所示。

答：见图 E-65。

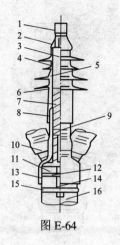
图 E-64

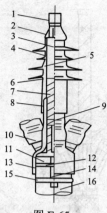
图 E-65

1—端子；2—耐漏痕绝缘带；3—电缆绝缘；4—冷收缩套管（户内型无雨裙）；5—冷收缩应力控制管；6—电缆外半导电层；7—电缆屏蔽铜带；8—冷收缩护套管；9—屏蔽接地铜环和铜带；10—相标志带；11—恒力弹簧；12—防水带；13—冷收缩分支套；14—接地铜编织线；15—PVC 带；16—电缆外护层

Lb3E4046 绘出 10kV 三芯电缆户外冷收缩型终端安装接地线的示意图，并标出各结构名称。

答：见图 E-66。

Lb3E4047 绘出 10kV 三芯电缆户外冷收缩型终端安装冷收缩绝缘件示意图，并标出各结构名称。

答：见图 E-67。

Lb3E5048 绘出 10kV 三芯电缆户外冷收缩型中间接头电缆准备过程中电缆切剥处理图，并标出各结构名称。

答：见图 E-68。

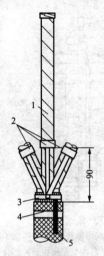

图 E-66

1—铜带屏蔽；2—接地铜环；3—恒力弹簧；
4—防水胶带（第 1 层）；5—接地编织线

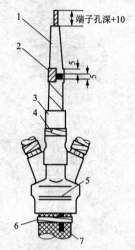

图 E-67

1—电缆主绝缘；2—半导电胶带；
3—冷收缩套管；4—标志带；
5—分支套管；6—固定胶带；
7—接地编织线

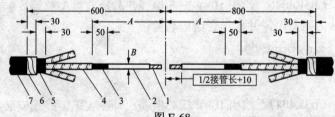

图 E-68

1—导体；2—主绝缘；3—半导电屏蔽；4—铜屏蔽带；
5—衬垫层；6—钢带铠装；7—电缆护套

Lc3E3049 如图 E-69 所示，试用相量图证明 380/220V 三相对称电源系统线电压是相电压的 $\sqrt{3}$ 倍。

答：由相量图可知，$U_{AB}=U_A\cos 30°+U_B\cos 30°=\sqrt{3}/2U_A+\sqrt{3}\sqrt{3}/2U_B$

三相对称时：$U_A=U_B=U_C$，因此，$U_{AB}=\sqrt{3}U_A=\sqrt{3}U_B$

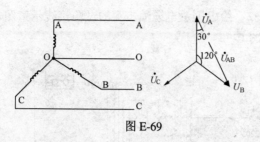

图 E-69

Jd3E3050 画出在电缆隧道内采用滑轮敷设电缆的两种方法。

答：见图 E-70。

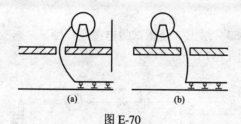

(a)　　　　　　(b)

图 E-70

Jd3E4051 绘出冲击高压测试法寻找电缆故障，故障不放电时，测试端的等效电路图和波形图。

答：见图 E-71。

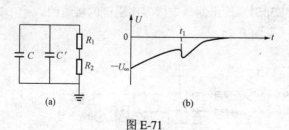

(a)　　　　　　　(b)

图 E-71

（a）等效电路图；（b）波形图

Je3E2052 绘出测量电缆油击穿的试验接线示意图。

答：见图 E-72。

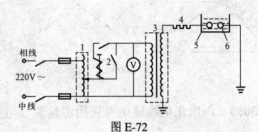

图 E-72

1—调压器；2—过流脱扣装置；3—额定电压为 50～100kV 的变压器；
4—0.5MΩ的水电阻；5—盛试品的瓷杯；6—间隙为 2.5mm 的球电极

Je3E3053 绘出 3 倍压试验电缆原理图。

答：见图 E-73。

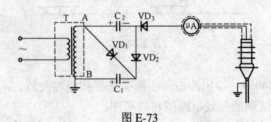

图 E-73

Je3E3054 绘出测量电缆零序阻抗的接线图。

答：见图 E-74。

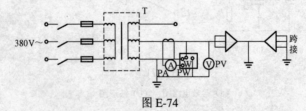

图 E-74

T—抽头式降压变压器；PA—电流表；PV—电压表；PW—功率表

Je3E3055 绘出电缆故障测距的直闪法测试接线图。

答：见图 E-75。

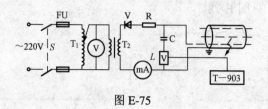

图 E-75

Je3E3056 画出电缆隧道结构示意图（不标注尺寸，两侧均有支架）。

答：见图 E-76。

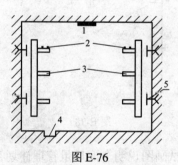

图 E-76

1—装灯用预埋件；2—电缆；3—支架；4—排水沟；5—安装支架用预埋件

Je3E3057 绘出交联电缆线芯进水处理，去潮处理回路连接装置图。

答：见图 E-77。

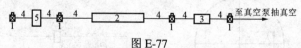

图 E-77

1—四通阀门（控制气体流量及充气压力）；2—被去潮的电缆段（长度控制
在 200m 以内）；3—干燥管（用硅胶判别线芯内是否有水分）；
4—塑料管（从三相电缆线芯上引出接至四通阀门合并一根）；
5—干燥介质（氮气或干燥空气）

Jf3E3058　一个 R、L、C 串联电路，请分别画出① $X_L >$ X_C；② $X_L = X_C$；③ $X_L < X_C$ 三种情况下矢量关系图。

答：见图 E-78。

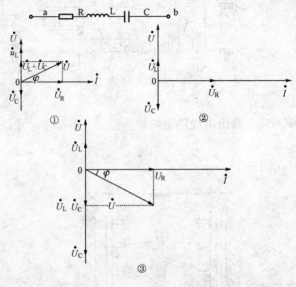

图 E-78

Jf3E3059　试画图说明全面质量管理计划工作的 4 个阶数循环程序。

答：见图 E-79。

Jf3E4060　在三相平衡时，图 E-80 接线中的电流表 A 测得的是 B 相电流用向量图证明。

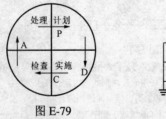

图 E-79

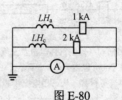

图 E-80

答：按题意接线电流测得是 A、C 两相电流之和，向量图如图 E-81 所示，表明：三相平衡时 $I_A+I_C=-I_B$，故测得的为 B 相电流，即代表任一相电流。

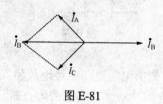

图 E-81

La2E3061 图 E-82 为一个 RL 串联电路图，请画出矢量关系图、电压三角形、阻抗三角形。

答：见图 E-83。

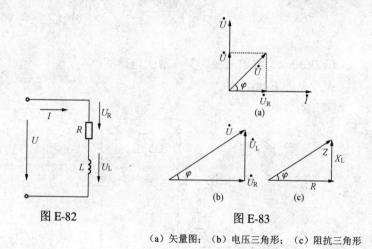

图 E-82　　　　图 E-83

（a）矢量图；　（b）电压三角形；　（c）阻抗三角形

Lb2E2062 画出电缆高阻接地故障（接地电阻在 100kΩ 以上），采用高压一次扫描示波器测寻故障点时，示波器荧光屏图。

答：见图 E-84。

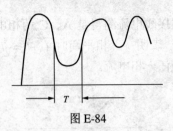

图 E-84

Lb2E3063　画出电缆短路或接地故障（接地电阻在 100Ω 以下）用连续扫描脉冲示波器测试故障点时，示波器荧光屏图。

答：见图 E-85。

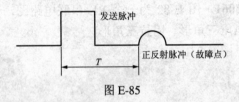

图 E-85

Lc2E3064　画出三极管基本放大电路图。

答：见图 E-86。

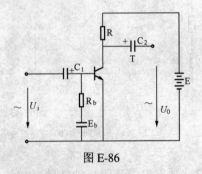

图 E-86

Lb2E3065　标出 10kV 预制型拔插式结构图的各部名称。

答：见图 E-87。

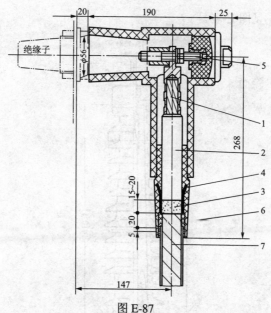

图 E-87

1—电缆导体；2—电缆绝缘；3—半导电层；4—应力控制件；
5—双头螺栓，6 包绕半导电带；7—铜带屏蔽

Je2E2066 标出 10kV 预制型中间接头结构图的各部名称。

答：见图 E-88。

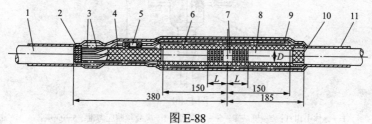

图 E-88

1—电缆外护套；2—钢带铠装；3—焊点；4—铜编织接地线；5—连接器；
6—橡胶预制件；7—导体接头；8—电缆绝缘；9—半导电层；
10—绝缘半导电屏蔽；11—外密封热缩护套

Je2E3067 标出 110kV 交联电缆预制型户外终端结构示意图的各部名称。

答：见图 E-89。

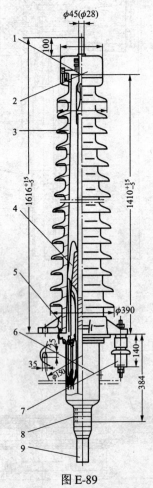

图 E-89

1—导体引出杆；2—屏蔽罩；3—瓷套管；4—橡胶预制应力锥；5—底座；
6—尾管；7—支持绝缘子；8—自黏橡胶带；9—电缆

Je2E4068 绘出用交流充电法测量一芯对其两芯及对地的电容接线图。

答：见图 E-90。

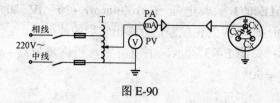

图 E-90

Je2E5069 绘出护套中点接地的电缆线路示意图。

答：见图 E-91。

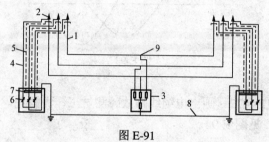

图 E-91

1—电缆；2—终端头；3—闸刀稍；4—同轴电缆内导体，接铅护套；
5—同轴电缆外导体接终端头支架；6—保护器；7—闸刀开关；
8—接地导体；9—铅护套中点接地

Jf2E3070 将两个 380/220V 的电压互感器，请把它接成
V-V 形，用于测量三相电压。

答：具体接线图见图 E-92。

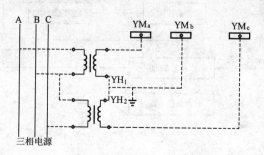

图 E-92

注：虚线部分为所接线。实线部分为本题所提供的已知条件。

195

La1E4071 求 电 压 $U=100\sin(\omega t+30°)$V 和 电 流 $I=30\sin(\omega t-60°)$A 的相位差,并画出它们的波形图。

答:如图 E-93 所示。由图可知,相位差为 $\omega_U-\omega_I=30°-(-60°)=90°$。

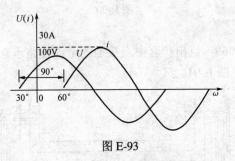

图 E-93

Lb1E4072 画出电缆线路故障测试工作流程图。

答:见图 E-94。

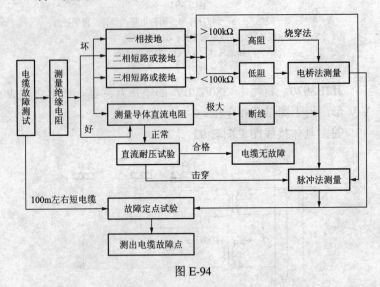

图 E-94

Lb1E5073 画出护套断开的电缆线路接地示意图。

答：见图 E-95。

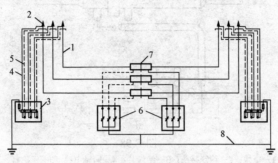

图 E-95

1—电缆；2—终端头；3—闸刀箱；4—同轴电缆内导体；5—同轴电缆外导体；
6—保护器；7—绝缘接头；8—接地导体

Lc1E4074 如图 E-96 所示元件，画出一个三相桥或整流电流。

答：见图 E-97。

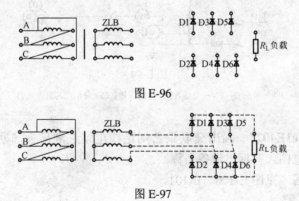

图 E-96

图 E-97

ZLB—三相整流变压器；D—二极管；————所画的整流电流电能连接

Je1E4075 画出交叉互联箱在电缆线路上的布置示意图，并标出各部名称。

答：如图 E-98。

197

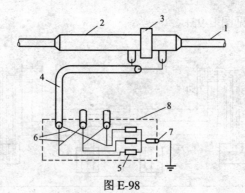

图 E-98

1—电缆；2—绝缘接头；3—绝缘片；4—同轴电缆；5—保护器；

6—换位连接线；7—接地线；8—交叉互联箱

Je1E3076 画出用交流充电法测量分相屏蔽型或单芯电缆电容接线图。

答：见图 E-99。

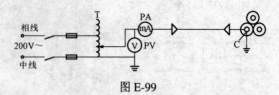

图 E-99

PA—电流表；PV—电压表；T—调压器；C—每相缆芯对地电容

Je1E4077 画出交联聚乙烯绝缘电缆进潮后去潮回路接线示意图。并标出设备名称。

答：见图 E-100、E-101。

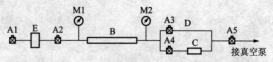

图 E-100

A1~A5—真空阀门；B—被去潮电缆；C—变色硅胶罐；D—塑料管；

E—压缩气体罐；M1、M2—真空压力表

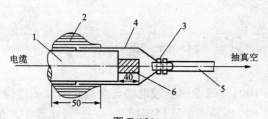

图 E-101

1—电缆绝缘；2—PE 自黏胶带；3—接头；4—铅套管；

5—抽真空用塑料管；6—电缆导体

Je1E4078 画出 8 倍压串级直流输出的耐压电路图。

答：见图 E-102。

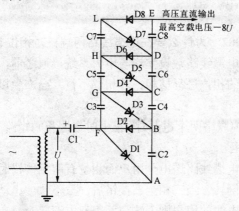

图 E-102

Je1E5079 画出冲击高压终端测试接线图。

答：见图 E-103。

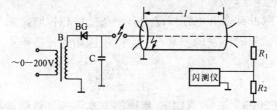

图 E-103

4.1.6　论述题

La5F1001　试说明一段电路与全电路的欧姆定律。

答：一段电路中的欧姆定律是：在一段电路中，流过电路的电流与电路两端的电压成正比，与该段电路的电阻成反比。（4分）用公式表示为：$I=U/R$。（1分）

全电路欧姆定律是：在闭合电路中的电流与电源电压成正比，与全电路中总电阻成反比。（4分）用公式表示为：$I=E/(R+R_i)$。（1分）

Lb5F1002　为什么要在电缆线路两端核对相位？

答：在电缆线路敷设完毕与电力系统接通之前，必须按照电力系统上的相位进行核相。若相位不符，会产生以下几种结果：

（1）电缆联络两个电源时，推上时会因相间短路立即跳闸，也即无法运行。（2分）

（2）由电缆线路送电至用户而相位有两相接错时，会使用户的电动机倒转。当三相全部接错后，虽不致使电动机倒转，但对有双路电源的用户则无法交并用双电源；对只有一个电源的用户，则当其申请备用电源后，会产生无法作备用的后果。（3分）

（3）由电缆线路送电到电网变压器时，会使低压电网无法环并列运行。（2分）

（4）双并或多并电缆线路中有一条接错相位时，如果在作直流耐压试验时不发现出来，则会产生因相间短路推不上开关的恶果。（3分）

Lb5F2003　试述 XLPE 电缆的基本结构及对结构层的要求？

答：电力电缆主要由线芯导体、绝缘层和保护层三部分构成。（1分）

线芯导体：是传导电流的通路。它应有较高的导电性能和较小的线路损耗。（3分）

绝缘层：隔绝导线上的高压电场对外界的作用。它应具有良好的绝缘性能和耐热性能。（3分）

保护层：可分为内护套和外护层两部分。内护套是用来密封保护绝缘层的，同时又作为外屏蔽结构组成部分；外护层是用来保护内护套的，它具有一定的机械强度使电缆不受外力的损伤和腐蚀。（3分）

Lc5F1004　为什么要测量电器设备的绝缘电阻？测量结果与哪些因素有关？

答：测量绝缘电阻可以检查绝缘介质是否受潮或损坏，但对局部受潮或有裂缝不一定能发现（因电压太低），这是一种测量绝缘电阻较为简单的手段。（4分）

绝缘介质的绝缘电阻和温度有关，吸湿性大的物质受温度的影响就更大。一般绝缘电阻随温度上升而减小。由于温度对绝缘电阻影响很大，而且每次测量又难以在同一温度下进行。所以，为了能把测量结果进行比较，应将测量结果换算到同一温度下的数值。（2分）空气湿度对测量结果影响也很大，当空气相对湿度增大时，绝缘物由于毛细管作用，吸收较多的水分，致使导电率增加，绝缘电阻降低，尤其是对表面泄漏电流的影响更大，绝缘表面的脏污程度对测量结果也有一定影响。（2分）试验中可使用屏蔽方法以减少因脏污引起的误差。（2分）

Jd5F1005　我们如何对待电缆预防性泄漏电流异常现象。

答：如果发现泄漏电流与上次试验值相比有很大变化，或泄漏电流不稳定，随试验电压的升高或加压时间的增加而急剧上升时，应查明原因。（5分）如系终端头表面泄漏电流或对地杂散电等因素的影响，应加以消除；如怀疑电缆线路绝缘不良，则可提高试验电压（以不超过产品标准规定的出厂试验直流电压为宜）或延长试验时间，确定能否维持运行。（5分）

Je5F1006　铜和铝以及截面不相同的导体如何连接？

答：（1）铜铝导体的对接方法：铜铝两种导体对接，可以采用过渡接管。这种接管是用紫铜棒和铝棒经摩擦焊接或闪光焊接，而后经车制成合适一定截面的连接管，以压接法连接。铜铝两种导体对接，也可以采用经镀锡的铜连接管，以接方法连接。

（2）截面不相同的导体连接：

1）两种不同截面的铜导体相连接，可采用开口或有浇注孔的铜接管，以锡焊法连接；也可以用紫铜棒车制成合适大小截面的连接管，以压接法连接。

2）不同截面的铝导体相连接，可采用铝棒经车制成合适大小截面的连接管，以压接法连接。

3）不同截面的铜导体和铝导体连接，可采用铜棒经车制成适合大小截面的连接管，镀锡后，以压接法连接。

Je5F2007　电缆固定一般有哪些要求？

答：（1）裸金属护套电缆的固定处应加软衬垫保护。（1分）

（2）敷设于桥梁支架上的电缆固定时应采取防振措施，如采用砂枕或其他软质材料衬垫。（2分）

（3）沿电气化铁路或有电气化铁路通过的桥梁上明敷电缆的金属护层（包括电缆金属保护管道），应沿其全长与电缆的金属支架或桥梁的金属构件绝缘。（2分）

（4）使用于交流的单芯电缆或分相铅护套电缆在分相后的固定，其夹具不应有铁件构成的闭合磁路；按正三角形排列单芯电缆，每隔1m应用绑带扎牢。（2分）

（5）利用夹具直接将裸钢带铠装电缆或裸金属护套电缆固

定在墙壁上时，其金属护套与墙壁之间应有不小于 10mm 的距离，以防墙壁上的化学物质对金属护层的腐蚀。(2分)

（6）所有夹具的铁零部件，除预埋螺栓外，均应采用镀锌制品（户外用热镀锌）。(1分)

Je5F3008　XLPE 绝缘电缆附件安装时是否也要注意工艺要求各施工环境？

答：（1）电缆附件安装时，应严格遵守制作工艺规程，因为这些工艺流程，都是经过千百次试验安装总结出来的，它能保证在安装后长期可靠运行，特别是近年来新发展的几种附件，如冷缩、预制、接插式附件，工艺要求很严。千万不能把工艺简单和工艺要求等同看待，越是工艺简单的附件如预制件接插式附件，它们的工艺要求越严格。(5分)

（2）同时还得注意环境要求，一般在室外制作 6kV 及以下电缆终端和接头时，其空气相对湿度宜为 70% 及以下；制作 10kV 及以上电缆安装附件时，其空气相对湿度应低于 50%。当湿度大时，可提高环境温度或加热电缆，使局部去湿，特别是 66kV 及以上高压电缆附件施工时，应搭临时工棚，防止杂质落入绝缘，环境温度要严格控制，温度宜为 10~30℃。(5分)

Jf5F1009　在什么条件下应使用安全带？安全带有几种？

答：安全带是防止高处坠落的安全用具。凡是在离地面 2m 以上的地点进行的工作，都应视作高处作业。电业安全工作规程规定：高度超过 1.5m，没有其他防止坠落的措施时，必须使用安全带。(4分)

按工作情况分为：① 高空作业锦纶安全带；(2分) ② 架子工用锦纶安全带；(2分) ③ 电工用锦纶安全带等种类。(2分)

Jf5F1010　500V 以下带电作业应注意哪些事项？

答：500V 以下带电作业应注意下列事项：

（1）工作前必须经主管部门批准，工作人员应有允许低压带电工作安全合格证，并采取一定的组织措施和技术措施后，方可进行工作。（2分）

（2）工作应由两人进行，一人监护，一人操作。监护人员应由有带电工作经验的人员担任。监护人应精神集中，不可触及操作人员，不可做与监护无关的事。（2分）

（3）监护人和操作人均应穿戴整齐，身体不准裸露。（1分）

（4）应穿合格的绝缘靴，戴干净、干燥的手套并站在干燥的梯子或其他绝缘物上工作。（1分）

（5）带负荷的线路不准断、接；断、接无负荷线路时应先断相线后断零（地）线，接时应先接零（地）线后接相线，应搭牢后再接。断、接处均应用绝缘布包扎好。（2分）

（6）带电部位应在操作人的前面，距头部不小于 0.3m。同一部位不允许二人同时进行带电作业。操作人员的左、右、后侧，在 1m 内如有其他带电导线或设备，应用绝缘物隔开。（1分）

（7）雷、雨、大雾及潮湿天气不准进行室外带电作业。（1分）

La4E2011　为什么电流互感器的二次侧绕组不能开路？

答：运行中电流互感器其二次侧所接的负载均为仪表或继电器电流线圈等，阻抗非常小，基本上处于短路状态。（2分）当运行中的电流互感器二次绕组开路后，将产生以下严重后果：① 由于磁通饱和，电流互感器的二次侧将产生数千伏的高压，而且磁通的波形变成平顶波，因此，使二次侧产生的感应电势出现了尖顶波，对二次绝缘构成威胁，对设备和运行人员有危险；（3分）② 由于铁芯的骤然饱和使铁芯损耗增加，严重发热，绝缘有烧坏的可能；（2分）③ 将在铁芯中产生剩磁，使

电流互感器比差和角差增大，影响计量的准确性。故电流互感器在运行中是不能开路的。（3分）

Lb4F2012　一盘新电缆其电缆盘上应有哪些文字和符号标志？

答：一盘新电缆其电缆盘上应有下列文字和符号标志：

（1）买方名称；（1分）

（2）制造厂名和制造日期；（1分）

（3）电缆形式（电压、规格和截面）；（1分）

（4）电缆长度；（1分）

（5）电缆盘总重；（1分）

（6）表示电缆盘滚动方式和起吊的符号；（1分）

（7）电缆盘规格：直径、中心孔径、外宽尺寸；（1分）

（8）电缆盘编号；（1分）

（9）合同号；（1分）

（10）必要的警告文字和符号。（1分）

Lb4F3013　交联聚乙烯电缆具有哪些优缺点？

答：优点：

（1）高的电气性能。（0.5分）

（2）交联聚乙烯几乎完全保持聚乙烯固有的高的电气性能：击穿强度高、绝缘电阻大、介电数小、介质损耗角正切值低等。（1分）

（3）输电容量大。（0.5分）

（4）由于交联聚乙烯具有较高的耐热性和耐老化性能，tgδ值小，长期容许工作温度可达90℃，因此，它的传输容量可大大提高。（1分）

（5）重量轻。（0.5分）

（6）交联聚乙烯电缆不用金属护套，交联聚乙烯的比重小，因此单位长度电缆重量小，同时处理方便、敷设简单。（0.5分）

（7）宜于垂直、高落差和有振动场所的敷设。（0.5 分）

（8）交联聚乙烯绝缘电缆属于干绝缘式电缆，不含浸渍剂，因此不可能发生像黏性浸渍纸绝缘电力电缆由于浸渍剂向下流动引起的老化现象，宜于高落差及垂直敷设。又由于它不用金属铅护套，因此它不会产生由于振动、热伸缩等原因引起的老化现象，宜于高落差及垂直敷设。同时，由于它不用金属铅护套，因此不会产生由于振动、热伸缩等原因引起的金属护套发裂所致的事故。（1 分）

（9）耐化学药品性能好。（0.5 分）

缺点：

（1）绝缘厚度比浸渍纸绝缘电缆的大，因此电缆外径较大。（1 分）

（2）交联聚乙烯的脉冲穿强度随脉冲次数增加而下降的趋势比浸渍纸绝缘的显著得多。（1 分）

（3）耐电晕性比浸渍纸的低。（0.5 分）

（4）击穿强度随温度上升而下降的趋势比浸渍纸显著。（1 分）

（5）透水的问题，尚待解决。（0.5 分）

Lc4F2014 请解释保护接地和保护接零是如何防止人身触电的。

答： 保护接零是当设备一相绝缘损坏或异常原因，使机壳带电时，迫使机壳对地电压近似为零，短路电流绝大部分经接地体入地，流过人体的电流几乎为零，不致造成对人体的伤害。（5 分）

保护接地是将机壳与保护零线连接，当一相接壳时，由于零相回路阻抗很小，产生很大的短路电流，使熔断器迅速熔断或自动空气开关迅速动作，切断电流，保护人身不致触电。（5 分）

Jd4F2015　塑料电缆绝缘层中的局部放电有哪些特性？

答：（1）塑料电缆的局部放电（游离放电）常导致电缆的绝缘水平下降或击穿，严重的会影响电缆的运行质量和使用寿命。近年来，发现树枝放电比起局部放电（游离放电）对电缆的寿命具有更大的危害性。（2分）

（2）局部放电的必要条件之一是气隙的存在，而气隙不是树枝放电的必要条件，在绝缘结构中，只要存在局部的集中高场强，就会导致金属、杂质尖刺物的冷发射，甚至介质的冷发射，引发有机介质的树枝状裂纹，出现树枝状放电。（3分）

（3）局部放电（游离放申）和树枝放电有着本质的不同，树枝放电基于高场强的场制冷发射为主要原因，而局部放电是基于气隙在一定大气压下遵循"巴申定律"的条件而在气隙中放电。这两者互相影响，又互相促进。（3分）

（4）电树枝在发展中必然伴随着局部放电，而局部放电又促进树枝的生成与成长。（2分）

Je4F1016　如何测量电缆的泄漏电流？通过泄漏电流如何判断电缆绝缘是否有故障？在什么情况下，泄漏电流的不平衡系数可以不计？

答：电缆的泄漏电流测量是通过电缆的直流耐压试验得到的。在做芯线对外皮及芯线间耐压试验时，对于三芯电缆应对一相加压，其他两相连同外皮一齐接地；对于单芯电缆应使外皮接地。试验时试验电压应分为4～6个阶段均匀升压，每段停留1min，记读泄漏电流值。耐压试验电压及时间根据电缆按验收规范标准执行。（4分）

当发生的泄漏电流很不稳定，泄漏电流随试验电压升高急剧上升，泄漏电流随试验时间延长而上升时，可判断电缆绝缘不良。（3分）

当10kV以上电缆的泄漏电流小于20μA和6kV以下电缆的泄漏电流小于10μA时，其不平衡系数不作规定。（3分）

Je4F2017　油压钳的使用应注意什么？

答：（1）由于液压钳的吨位不同，其所能压接的导体截面和导体材料也不相同。另外，有的油压钳没有保险阀门，因此在使用中不应超出油压钳本身所能承受的压力范围，以免损坏油压钳。（2分）

（2）手动液压钳一般均按一人操作进行压接设计，使用时应由一人进行压接，不应多人合力强压，以免超出油压钳允许的吨位。（2分）

（3）压接过程中，当上下模接接触时，应停止施加压力，以免损坏压钳、压模。（2分）

（4）油压钳应按要求注入规定牌号机油，以保证油压钳在不同季节能正常使用。（2分）

（5）注油时应注意机油清洁，带来杂质的油会引起各油阀开闭不严，使油压钳失灵或达不到应有压力。（2分）

Je4F3018　挖掘电缆沟槽时应注意些什么？

答：（1）施工地点周围应设置栏凳和警告标志（日间挂红旗，夜间挂红色桅灯）。（1分）

（2）在经常有人行走处开挖时，应设置临时跳板，以免阻碍交通。（1分）

（3）埋设电缆的最小深度在地坪以下 0.7m，故开挖土沟深度应大于 0.8m。（1分）

（4）如施工地点的土地计划予以平整，则要使电缆埋入深度有计划平整土地后，仍能有标准深度。（1分）

（5）开挖时应垂直开挖，不可上狭下宽或掏空挖掘，并把开挖出来的路面结构材料与下面的泥土分别置放于距沟边 0.3m 的两旁，同时以免石块等硬物滑进沟内而直接覆盖在电缆上，使电缆受到机械损伤。（1分）

（6）还应留出人工拉引电缆时的走道。（1分）

（7）堆物不能太远，否则会增加挖土工作量，扩大施工范

围影响公共交通。（1分）

（8）堆物与消防水龙头的距离不应小于0.6m，以不影响消防的紧急需用。（1分）

（9）在不太坚固的建筑物旁挖掘电缆沟时，应事先做好支撑等加固措施。（1分）

（10）电缆沟的挖掘还必须保证电缆敷设后的弯曲半径不小于规定值。（1分）

Jf4F2019　使用万用表时有哪些注意事项？

答：使用万用表时有下列注意事项：

（1）使用万用表前要明确测量的内容及大概数值（如直流、交流、电压、电流、电阻），然后把表的切换开关拔好，如对测量的数值不清，应先放到最大量程，防止碰针。（2.5分）

（2）测电阻时应先断开被测回路电源，将两个测量线短路对零，再进行测量。（2.5分）

（3）万用表因刻度盘刻度较多，使用时应防止将切换开关倒错或用错，注意不要看错刻度。（2.5分）

（4）使用完后应将表计切换开关放在0档位置或交流电压最高档。（2.5分）

Jf4F3020　对携带型接地线有哪些规定？

答：（1）应使用多股软裸铜线，截面应符合短路电流要求，但不应小于25mm²。（3分）

（2）必须使用专用的线夹，用以将接地线固定在停电设备上，严禁用缠绕方法将停电设备接地或短路。每次使用接地线前应详细检查，禁止使用不合格的接地线。（4分）

（3）每组接地线均应编号并放在固定地点，存放位置亦应编号且接地线号与存放位置号相对应。（3分）

La3F3021　电路功率因数过低是什么原因造成的？为什

么要提高功率因数？

答：功率因数过低是因为电力系统的负载大，多数是感应电动机。（1分）在正常运行时 $\cos\varphi$ 一般在 0.7～0.85 之间，空载时功率因数只有 0.2～0.3，轻载时功率因数也不高。（4分）提高功率因数的意义在于：① 功率因数低，电源设备的容量就不能充分利用；（3分）② 功率因数低在线路上将引起较大的电压降落和功率损失。（2分）

Lb3F3022　XLPE 绝缘电缆附件在电气绝缘上有哪些要求？

答：（1）电缆附件所用材料的绝缘电阻、介质损耗、介电常数、击穿强度，以及与结构确定的最大工作场强满足不同电压等级电缆的使用要求。（5分）

（2）此外，还应考虑干闪距离、湿闪距离、爬电距离等。（2分）

（3）有机材料作为外绝缘时还应考虑抗漏电痕迹、抗腐蚀性、自然老化等性能。只有满足这些要求才能说附件基本上达到了电气上满足要求。（3分）

Lb3F4023　试论 XLPE 绝缘电缆半导屏蔽层抑制树枝生长和热屏障的作用。

答：（1）当导体表面金属毛刺直接刺入绝缘层时，或者在绝缘层内部存在杂质颗粒、水汽、气隙时，这些将引起尖端产生高电场、场致发射而引发树枝。对于金属表面毛刺，半导电屏蔽将有效地减弱毛刺附近的场强，减少场致发射，从而提高耐电树枝放电特性。若在半导电屏蔽料中加入能捕捉水分的物质，就能有效地阻挡由线芯引入的水分进入绝缘层，从而防止绝缘中产生水树枝。（5分）

（2）半导电屏蔽层有一定热阻，当线芯温度瞬时升高时，电缆有了半导电屏蔽层有一定热阻，当线芯温度瞬时升高时，

电缆有了半导屏蔽层的热阻，高温不会立即冲击到绝缘层，通过热阻的分温作用，使绝缘层上的温升下降。（5分）

Lc3F3024　全波整流电路是根据什么原理工作的？有何特点？

答：全波整流电路的工作原理是：变压器的二次绕组是由中心抽头将总绕组分成匝数相等且均为总匝数一半的两个分绕组组成的。（2分）在两个分绕组出口各串接一个二极管，使交流电流在正负半周时各通过一个二极管，且以同一方向流过负载。（2分）这样，在负载上就获得了一个脉冲的直流电流和电压。（1分）

其特点是：输出电压高，脉冲小，电流大，整流效率也较高。（3分）但变压器的二次绕组中要有中心抽头，故体积增大，工艺复杂，而且两个半部绕组只有半个周期内有电流通过，使变压器的利用率降低，二极管承受的反向电压高。（2分）

Jd3F3025　对电缆终端头和中间接头有哪些基本要求？

答：电缆终端头和中间接头，一般说来，是整个电缆线路的薄弱环节。根据我国各地电缆事故统计，约有70%的事故发生在终端头和中间接头上。由此可见，确保电缆接头的质量，对电缆线路安全运行意义很大。对电缆接头的制作的基本要求，大致可归纳为下列几点：（1分）

（1）导体连接良好。对于终端头，要求电缆线芯和出线接头、出线鼻子有良好的连接。对于中间接头，则要求电缆线芯与连接管之间有良好的连接。所谓良好的连接，主要指接触电阻小而稳定，即运行中接头电阻不大于电缆线芯本身电阻的1.2倍。（2分）

（2）绝缘可靠。要有满足电缆线路在各种状态下长期安全运行的绝缘结构，并有一定的裕度。（2分）

（3）密封良好。可靠的绝缘要有可靠的密封来保证。一方

面要使环境的水分及导电介质不侵入绝缘；另一方面要使绝缘剂不致流失。这就要求有充好的密封。（2分）

（4）足够的机械强度，能适应各种运行条件。（2分）

除了上述4项基本要求之外，还要尽可能考虑到结构简单、体积小、材料省、安装维修简便，以及兼顾到造型美观。（1分）

Je3F2026 测量电缆线路绝缘电阻时应注意哪些事项？

答：（1）试验前将电缆放电、接地，以保证安全及试验结果准确；（1分）

（2）兆欧表应放置平稳的地方，以避免在操作时用力不匀使兆欧表摇晃，致使读数不准；（1分）

（3）兆欧表在不接被试品开路空摇时，指针应指在无限大"∞"位置；（1分）

（4）电缆绝缘头套管表面应该擦干净，以减少表面泄漏；（1分）

（5）从兆欧表的火线接线柱"L"上接到被试品上的一条引线的绝缘电阻，相当于和被试设备的电阻并联，因此要求该引线的绝缘电阻较高，并且不应拖在地上；（1分）

（6）操作兆欧表时，手摇发电机应以额定转数旋转，一般保持为120r/min左右；（1分）

（7）在测定绝缘电阻兼测定吸收比时，应该先把兆欧表摇到额定速度，再把火线引线搭上，并从搭上时开始计算时间；（1分）

（8）电缆绝缘电阻测量完毕或需重复测量时，须将电缆放电，接地，电缆线路较长和绝缘好的电缆线路接地时间应长些，一般不少于1min；（1分）

（9）由于电缆线路的绝缘电阻值受到很多外界条件的影响，所以在试验报表上，应该把所有影响绝缘电阻数值的条件（例如温度、相对湿度、兆欧表电压等）都记录下来。（2分）

Je3F3027　谈谈电力电缆运输的一般要求。

答：（1）电力电缆一般是缠绕在电缆盘上进行运输、保管和敷设施放的。30m以下的短段电缆也可按不小于电缆允许的最小弯曲半径卷成圈子，并至少在4处捆紧后搬运。过去的电缆盘多为木质结构，现在多为钢结构，因为钢结构比较坚固，不易损坏，对电缆很有好处，而且这种电缆盘可以重复使用，比木质电缆盘经济。（4分）

（2）在运输和装卸电缆盘的过程中，关键的问题是不要使电缆受到碰撞、电缆的绝缘遭到破坏。虽然这是众所周知的问题，但是还常有发生，因此应引起足够的重视。电缆运输前必须进行检查，电缆盘应牢固，电缆封应严密，并牢靠地固定和保护好，如果发现问题应处理好后才能装车运输。电缆盘在车上运输时，应将电缆盘牢靠地固定。装卸电缆盘一般和吊车进行，卸车时如果没有起重设备，不允许将电缆盘直接从载重汽车上直接推下。因为直接推下，除了电缆盘遭受破坏外，电缆也容易损坏。可以用木板搭成斜坡的牢固跳板，再用绞车或绳子拉住电缆盘使电缆盘慢慢滚下。（4分）

（3）电缆盘在地面上滚动必须控制在小距离范围内。滚动的方向必须按照电缆盘侧面上所示箭头方向（顺着电缆的缠紧方向）。如果采用反向滚动会使电缆退绕而松散、脱落。电缆盘平卧运输将使电缆缠绕松脱，易使电缆与电缆盘损坏，这是不允许的。（2分）

Je3F4028　直埋方式敷设电缆有哪些准备工作？

答：（1）敷设电缆的当天，应有一部分人整理土沟，将沟内石子或其他粗糙不平的硬物清除。（1分）

（2）然后，在沟中放置滑轮，其间距与电缆单位长度的重量等有关，一般每隔3～5m放置一个，以不使电缆下垂碰地为原则。（1分）

（3）电缆敷设时碰地不但增加摩擦力，而且会损坏电缆外

护层，在电缆沟转弯处还须加放一个转角滑轮。（2分）

（4）另外一部分人把保护电缆的盖板沿着开挖好的电缆沟分放于所需要的地方。（1分）

（5）同时将电缆盘沿着盘上指示的滚动方向（就是使电缆不松散的方向）推滚到所需要位置。（1分）

（6）再将钢轴穿于电缆盘轴孔中（两边均伸出），放置于搁电缆盘的架子上，然后用千斤顶移动。（2分）

（7）滚动电缆盘前，应检查盘是否牢固，并将内外出线头扣牢。（1分）

（8）对于较重的电缆盘，应考虑加装施放电缆的刹车装置。（1分）

Jf3F3029　安全使用绳索有哪些注意事项？

答：安全使用绳索应注意以下事项：

（1）根据使用用途，如水平牵引、垂直起吊或捆绑等，选择合适的绳索，绳索最大允许使用拉力和安全系数必须符合规定。（2分）

（2）钢丝绳有断股、钢丝磨损或腐蚀超过原直径40%、被压扁变形表面起毛刺、受冲击负荷使钢丝绳延长达到或超过0.5%等情况时，应换新或截除。（2分）

（3）环绳或双头绳结合段长度不应小于钢丝绳直径的20倍，最短不小于300mm。（2分）

（4）钢丝绳上的污垢，应用抹布和煤油清除，不得使用钢丝刷及其他锐利的工具清除。钢丝绳需定期上油，并放置在通风良好的室内架上保管。（1分）

（5）当用绳索起吊有棱角的重物时，必须垫以麻袋或木板等物，以避免物件尖锐边缘割伤绳索。（1分）

（6）纤维绳在潮湿状态下允许荷重比干燥状态时减少一半。纤维绳应放置在通风良好的室内架上保管，纤维绳受潮后应进行干燥。（2分）

Jf3F4030　论述节电用电的意义及节电工作的主要方法和途径？

答：电力资源是进行生产建设的主要能源，在发展生产的同时，必须注意能源的节约。其意义在于：

（1）节约用电可降低生产成本又可把节约的电能用于扩大再生产，加速我国的现代化建设。（2分）

（2）对电力系统来说，节约用电也能降低线损、改善电能质量，对用户和电力系统都是有益的。（2分）

节电工作的主要方法：大力宣传节电意义；建立科学的定额管理制度；开展群众性的节电活动；利用经济手段推动节电工作；推广行之有效的节电技术措施和组织措施。（3分）

主要途径有：采用新技术、新材料、新工艺；改造老旧耗能高的设备；减少传动摩擦损耗，加强设备检修，使之处于最佳状态。（3分）

La2F4031　为什么要升高电压来进行远距离输电？

答：远距离传输的电能一般是三相正弦交流电，输送的功率可用 $P=\sqrt{3}\,UI$ 来计算。（2分）从公式可看出，如果传输功率不变，则电压愈高，电流愈小，这样就可以选用截面较小的导线，节省有色金属。（2分）在输送功率的过程中，电流通过导线会产生一定的电压降，如果电流减小，电压降则会随电流的减小而降低。（2分）所以，提高输送电压后，选择适当的导线，不仅可以提高输送功率，而且还可以降低线路的电压降，改善电压质量。（4分）

Lb2F3032　电缆的外护层应符合哪些要求？

答：（1）交流单相回路的电力电缆，不得有未经非磁性处理的金属带、钢丝铠装。（2.5分）

（2）在潮湿、含化学腐蚀环境或易受水浸泡的电缆，金属套、加强层、铠装层、铠装上应有挤塑外套，水中电缆的粗钢

丝铠装尚应有纤维外被。（2.5 分）

（3）除低温–20℃以下环境或药用化学液体浸泡场所，以及有低毒难燃性要求的电缆挤塑外套宜用聚乙烯外，可采用聚氯乙烯外套。（2.5 分）

（4）用在有水或化学液体浸泡场所的 6～35kV 重要性或 35kV 以上交联聚乙烯电缆，应具有符合使用要求的金属塑料复合阻水层、铅套或膨胀式阻水带等防水构造。敷设于水下的中、高压交联聚乙烯电缆还宜具有纵向阻水构造。（2.5 分）

Lb2F4033 解释 U_0/U 并说明接地方式单相接地允许时间和电缆绝缘等级。

答：（1）电缆及附件标称电压表示方法为 U_0/U，其中 U_0 为设计用每相导体与外屏蔽之间的额定设计电压（有效值），U 为系统标称电压，为系统线电压有效值。同一系统电压下有着不同绝缘等级的电缆，其选择由接地方式及单相接地允许时间所决定。（5 分）

（2）选用电缆绝缘等级时分三大类：

1）A 类：接地故障应尽快切除，时间不大于 1min；

2）B 类：故障应短时切除，时间不超过 1h（径向电场分布的电缆允许延长到 8h）；

3）C 类：可承受不包括 A 类和 B 类在内的任何故障系统。（5 分）

Lc2F4034 谈谈电缆线路地理信息系统？

答：地理信息系统（GIS）是以城市测绘院提供的电子地图数据库为平台，把电缆线路（含电缆排管、隧道等土建设施）路径、敷设方式、接头位置及其他有关资料输入计算机，建立电缆线路地下分布总图、线路资料数据库以及信息处理系统，具有地理信息准确可靠、线路走向显示全面直观和便于查询等特点。（5 分）

地理信息系统（GIS）以变电站为中心，显示所有进出线电缆线路地形，根据电缆名称显示电缆线路走向及相关信息。地理信息系统把资源数据库存储在网络服务器硬盘上，当实现各部门计算机联网的情况下，可达到资源共享。（5 分）

Jd2F4035　试论在做冲击高压闪络测试时冲击电压的选择。

答：（1）电阻冲闪法虽然具有波形前后沿陡峭便于读数的优点，但不是每一种情况都能用电阻冲闪法的。在用电阻作冲击闪络测试的取样元件时，电阻 R 是与电缆特性阻抗 Z_0 串联的，由于电阻分压元件的作用（往往 $R > Z_0$），真正在电缆上等到的冲击电压是远小于电源送出的冲击电压的，所以往往用电感冲闪法时，故障点不一定能击穿。但如果去掉电阻而换上电感，或根本不用取样电感，故障点便容易击穿了。（4 分）

（2）一般来说，在做冲击闪络测试时，用电阻取样，电缆上得到的电压最小；用电感取样，电缆上得到的电压就大得多。而当在电缆一端打火，去终端测试时，由于高压设备贮能电容上供出的电压未经电感或电阻分压，电缆上承受的电压纯粹为电容器 C 上的贮存电压，因此故障点是容易击穿的。（4 分）

综上所述，在用电阻取样做冲击闪络测试时，冲击电压不妨加高些。而在做终端测试时，冲击电压不能超过直流试验电压的 4/5，以免损坏电缆。（2 分）

Je2F3036　交联聚乙烯绝缘电缆进入潮气后，常用的处理方法是什么？

答：（1）去潮处理的原理：在电缆的一端用压缩气体介质（通常用干燥的氮气或干燥空气）强制灌入电缆绝缘线芯内，在电缆的另一端同时抽真空，让干燥气体吸收进入电缆的潮气后抽出。（1 分）

（2）去潮专用设备及材料：真空泵（要求极限真空小于0.5Pa）1台、空气压缩机1台、抽真空用塑料管、铅套管（直径略大于电缆绝缘、长度300mm左右）6个以及PE自粘胶带、变色硅胶、温度计、湿度计等。（1分）

（3）去潮回路接线示意图。（2分）

（4）去潮操作步骤：

1）将需要去潮电缆的头部打开，露出电缆导体40mm，设法将电缆倾斜，让电缆内的进水从电缆两端自然流出，根据电缆内的进水程度控制滴水时间，一般为12～16h。

2）用湿度计观察周围环境的相对湿度，当空气湿度达到50%以下时，启动真空泵开始抽真空，在最初的8h，真空度可以达到250～300Pa，继续抽真空，维持20h。

3）停止抽真空，将干燥气体以一定压力充入电缆内，等电缆两端的压力值读数一致时，维持4h，让电缆内的干燥空气充分吸收潮气。

4）启动真空泵再次抽真空，抽去电缆内吸了潮气的气体，真空平衡后，重复上述3）工作。

5）重复3）、4）工作数次。

6）接上变色硅胶罐抽真空，2～4h后，如果硅胶罐不变色，说明去潮处理已经完成。（6分）

Je2F4037 电力电缆寻找故障点时，一般需先烧穿故障点，烧穿时采用交流有效还是直流有效？

答：运行中的电缆常出现高阻接地，当缺乏探测仪器时，一般先将高阻故障烧穿变为低阻故障，以利于用电桥法寻找电缆的故障点。若施加交流，因电缆的电容量大，设备的容量也要较大，另外，交流电压过零易于熄弧，故烧穿效果较差，若加以直流，只要通过的电流1A左右就可以烧穿故障点，效果较好，另外，因电缆电容在直流电压作用下，不产生电容电流，设备的容量可较小。

Je2F5038 试论感应法在应用中的几个问题。

答:(1)目前采用的音频信号发生器,其频率大多数为800~1000Hz。选用这个频率是由于人耳朵对这一频率较敏感。但接收设备很难将其与工业干扰分开(信噪比较低),因此须要提高音频信号源的功率,以减少工业干扰的影响。(4分)

(2)当听测接头位置和相间短路故障时,要求较大功率的音频信号源,一般电缆要通过5~7A以上的电流才便于听测,而对于频率较高的信号源,则功率可小一些,但一般也应在2A以上。(2分)

(3)音频信号的输出阻抗,应尽量与电缆的阻抗相匹配,以便取得最大输出功率。对故障电缆,由于其阻值仍可能发生变化,为防止因阻抗不匹配而损坏音频信号源,使用时应有专人看守或加开路保护设备。(4分)

Jf2F4039 交流电焊变压器与普通变压器原理有何不同?

答:交流电焊变压器实际上是一种特殊用途的降压变压器,与普通变压器相比,其基本原理大致相同,都是根据电磁感应原理制成的。(3分)但是为了满足焊接工艺的要求,电焊变压器与普通变压器仍有如下不同之处:

(1)普通变压器是在正常状态下工作的,而电焊变压器则是在短路状态下工作的。(2分)

(2)普通变压器在带负载运行时,其二次侧电压随负载变化很小,而电焊变压器可以认为是在普通变压器的二次绕组上串入一个可调电抗器,变压器将电源电压降到60~70V,供启弧与安全操作之用,电抗器则用来调节焊接电流的大小。(3分)当焊条与工件接触时,二次电压降到零,但由于电抗器的限流作用,焊接电流也不会过大,由于电焊机的外特性很陡,所以电弧压降变化时,电流变化很小,电弧比较稳定。(2分)

Jf2F5040 正确使用钳形电流表应注意哪些问题?

答：钳形电流表是测量交流电的携带式仪表，它可以在不切断电路的情况下测量电流，因此使用方便，但只限于被测线路的电压不超过 500V 的情况下使用。（1 分）

（1）正确选择表计的种类。应根据被测对象的不同选择不同型式的钳形电流表。（1 分）

（2）正确选择表计的量程。测量前，应对被测电流进行粗略估计，选择适当的量程，倒换量程时应在不带电情况下进行，以免损坏仪表。（1 分）

（3）测量交流电流时，使被测量导线位于钳口中部，并且使钳口紧闭。（2 分）

（4）每次测量后，要把调节电流量程的切换开关放在最高档位。（2 分）

（5）测量 5A 以下电流时，为得到较为准确的读数，在条件许可时可将导线多绕几圈放进钳口进行测量。（2 分）

（6）进行测量时，应注意操作人员对带电部分的安全距离，以免发生触电危险。（1 分）

La1F4041　建立统一的电力系统有哪些优点？

答：建立统一的电力系统有以下优点：

（1）可提高运行的可靠性。系统中任一电厂发生故障时，不至于影响对用户的连续供电。（1 分）

（2）可提高设备的利用率。由于合理调度，可使设备得到充分利用，因而提高了发、变电设备的利用率。（1 分）

（3）可提高电能质量。单个机组或负荷在系统中所占的比例很小，因此个别机组或负荷的切除和投入对系统的频率或电压质量影响不大。（2 分）

（4）可减小备用机组的总容量，节省投资。由于统一计划备用机组，所以不必各个电厂都装备用发电机。（2 分）

（5）可提高整个系统的经济性。统一的电力系统可发挥各类电厂的特点，实行水电、火电合理的经济调度。（2 分）

（6）为使用高效率、大容量的机组创造了有利条件。由于系统大，有足够的备用容量，故大机组的开、停对用户影响较小。（2分）

La1F4042　根据戴维南定理，将任何一个有源二端网络等效为电压源时，如何确定这个等效电路的电动势及其内阻？

答：等效电路的电动势是有源二端网络的开路电压，其内阻是将所有电动势短路、所有电流源断路（保留其电源内阻）后所有无源二端网络的等效电阻。

Lb1F2043　试述振荡产生的过程、存在的问题和用途。

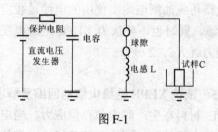

图 F-1

答：如图 F-1 所示，当直流充电时，电缆通过一个球隙和电缆组成振荡回路放电，产生衰减振荡波。实际试验过程所要选择的参数是：直流电压水平、频率、衰减常数、所需耐压次数。这种交流试验设备的优缺点，如设备的复杂性、电压发生器的适用性及造价等，都取决于试验方法的技术可行性。在后期阶段，作为实际使用最重要的因素—经济指标才会被认识到，同时，这种新方法的使用还在于它能检测出前述 50Hz 电压试验方法检测到的相同缺陷。（4分）（图2分）

Lb1F3044　试论 XLPE 绝缘电缆过载能力。

答：（1）从 XLPE 各方面性能分析来看，XLPE 绝缘电缆额定载流量是依它的允许工作温度来考核的，基本上已使

XLPE 运行载流量达到最大极限。(3 分)

（2）如果使 XLPE 绝缘电缆运行在超负荷状态，那么 XLPE 的运行温度将高于最大长期允许使用温度 90℃，向 XLPE 绝缘电缆短时最大使用温度 130℃靠拢。(2 分)

（3）从对 XLPE 材料理论分析可知，目前国际上一些较发达的国家对 130℃提出疑问，认为 105℃较好，理论分析也证明了这一点。这样，高温运行的 XLPE 材料向转化点 105℃接近，这时的材料各项性能下降较快，从而老化的速度也较正常快很多倍。(2 分)

（4）正是由于确定载流量的起点不同，使得油纸和 XLPE 绝缘电缆在过载能力有了很大区别。(1 分)

（5）不能将传统油纸电缆上使用的电缆过载能力直接用于 XLPE 绝缘电缆，同时也不要认为 XLPE 绝缘电缆允许运行温度高，过载能力就大。(2 分)

Lb1F4045　试论 XLPE 绝缘电缆的回缩及解决办法。

答： XLPE 材料在生产时内部存留应力，当电缆安装切断时，这些应力要自行消失，因此 XLPE 绝缘电缆的回缩问题是电缆附件中比较严重的问题。由于传统油纸电缆的使用习惯，过去对这一问题认识不够，现在随着 XLPE 绝缘电缆的大量使用，使我们必须面对这一问题。实际上这一问题最好的解决办法就是利用时间，让其自然回缩，消除应力后再安装附件。但是由于现场安装工期要求，只好利用加热来加速回缩。对于 35kV 及以下附件，终端的回缩有限，一般不作考虑，但在接头中应采用法拉或其他方式克服回缩现象。例如，在预制接头中应采用法拉第笼或其他方式克服回缩现象。例如，在预制接头中，连接管处的半导体电体可选得较长，使它的长度两边分别和绝缘搭接 10～15mm，起到屏蔽作用，即使绝缘回缩，一般也只有 10mm 以下，屏蔽作用仍然存在。(5 分)

对于高压 XLPE 绝缘电缆的附件安装，亦必须认真考虑回缩问题，一般在加热校直的同时消除 XLPE 内的应力，因为高压电缆接头中不可能制造出屏蔽结构，接头中任何一点的 XLPE 回缩都会给接头带来致命的缺陷，即气隙。该气隙内产生局部放电，将会导致接头击穿。(5 分)

Lb1F4046　试论护套交叉互联的作用。

答：(1) 可使护套感应电压降低，环流减小。如果电缆线路的三相排列是对称的，则由于各段护套电压的相位差 120°，而幅值相等，因此两个接地点之间的电位差是零，这样在护套上就不可能产生环行电流，这时线路上最高的护套电压即是按每一小段长度而定的感应电压，可以限制在 65V 以内，当三相电缆排列不对称，如水平排列时，中相感应电压较边相低，虽然三个小段护套的长度相等，三相护套电压的向量和有一个很小的合成电压，经两端接地在护套内形成环流，但接地极和大地有一定的电位差，故电流很小。(5 分)

(2) 交叉互联的电缆线路可以不装设回流线。电缆线路交叉互联，每一大段两端接地，当线路发生单相接地短路时，接地电流不通过大地，则每相的护套通过三分之一的接地电流，此时的护套也相当于回流线。每小段护套的对地电压，也就是绝缘接头对周围的大地电压，此电压只及一端接地线路装设回流线时的三分之一。同时电缆线路邻近的辅助电缆的感应电压也较小，因此交叉互联的电缆线路不必再装设回流线。(5 分)

Lb1F5047　试从泄漏电流、介质电流和充电电流的变化谈电缆绝缘与吸收曲线的关系。

答：(1) 当直流电压作用到介质上时，在介质中通过的电流 I 由三部分组成：泄漏电流 i_1、介质电流 i_2 和充电电流 i_3。各电流与时间的关系见图 F-2 (a)。(2 分)

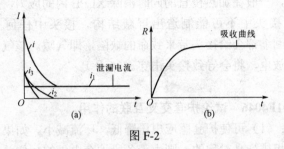

图 F-2

（2）合成电流 $I=i_1+i_2+i_3$。I 随时间增加而减小，最后达到某一稳定值。绝缘电阻随时间变化的曲线叫吸收曲线，见图 F-2（b），绝缘电阻受潮后，泄漏电流大，绝缘电阻降低而且很快达到稳定值。绝缘电阻达到稳定值的时间越长，说明绝缘状况越好。（3 分）

（3）测量绝缘电阻是检查电缆线路绝缘状态的最简单、最基本的方法。测量绝缘电阻一般使用兆欧表（俗称摇表）。由于极化和吸收作用，绝缘电阻读测值与加电压时间有关。如果电缆过长，电容较大，充电时间长，手摇兆欧表时间长，人易疲劳，不易测得准确值，故测量绝缘电阻的方法适于不过长的电缆。测量时一般兆欧表转速在 120r/min 的情况下，读取加电压 15s 和 60s 时的绝缘电阻值（R_{15} 和 R_{60}）。以 R_{15}/R_{60} 作为一个参数称为吸收比。在同样测试条件下，值越大，电缆绝缘越好。（5 分）

Lb1F5048　试述保护器的作用和氧化阻片的特性。

答：（1）当电缆导线中有雷击和操作过电压冲击波传播时，电缆金属护套会感应产生冲击过电压。一端接地线路可在非接地端装设保护器，交叉互联的电缆线路可在非接地端装设保护器，交叉互联的电缆线路可在绝缘接头处装设保护器以限制护套上和绝缘接头绝缘片两侧冲过电压的升高。（2.5 分）

（2）氧化锌电阻片是以高纯度的氧化锌为主要成分，添加微量的铋、锰、锑、铬、铅等氧化物，经过充分混合、造粒、成形、侧面加釉等加工过程，并在 1000℃ 以上的高温下烧制而成。氧化锌阀片具有良好的非线性，同时氧化锌阀片避雷器没有串联间隙，因而保护特性好，已逐渐用作电力系统高压电气设备的保护。目前电缆护套的保护也普遍采用氧化锌阀片保护器。在正常工作电压下，保护器呈现高电阻，通过保护器的工作电缆流极其微小（微安级），基本处于截止状态，使护套与大地之间不成通路。当护套上出现的雷击或操作过电压达到保护器的起始动作电压时，保护器的电阻值很快下降。使过电压电流较容易的由护套经保护器流入大地，这时护套上的电压仅为通过电流时保护器的残压，而保护器的残压和起始动作电压比冲击过电压低得多，并且比护套冲击试验电压也小得多，因而使护套绝缘免遭过电压的破坏。当过电压消失后，电阻阀片又恢复其高阻特性，保护器和电缆线路又恢复到正常工作状态。（5分）

（3）当线路出现短路故障时，护套上及绝缘接头的绝缘片间也将感应产生较高的工频过电压。此过电压的时间较长，一般为后备保护切除短路故障的时间，此时保护器应能承受这一过电压的作用而不损坏。（2.5分）

Lc1F4049　简述断路器分闸时，触头产生电弧的过程。

答：断路器触头刚分时，触头间距很小，电场强度很大，分离时触头接触电阻增大，接触处剧烈发热，形成强电场发射和热电子发射，产生的自由电子，在强电场作用下高速运动，使弧隙中气体产生碰撞游离。（5分）自由电子大量增加，温度达几千度，热游离成为游离的主要因素。（3分）在这两种游离的作用下，触头间有大量自由电子，成为导电通道，使介质击穿而形成电弧。（2分）

Jd1F4050　简述对电缆进行剥切的工艺要求。

答:剥切是电缆终端和接头安装中非常重要的第一步操作。剥切顺序应由表及里,逐层进行,剥切工艺应符合以下要求:

(1) 严格按工艺尺寸剥切,正确使用剥切工具,操作要小心。(1分)

(2) 剥切过程要层次分明,在剥切外层时,不得切伤内层结构。尤其是在剥切绝缘层时,不得切伤内半导体层和导体。(1分)

(3) 剥铠装、金属护套或金属屏蔽层,应先清除油污,必要时进行加热。在剥切起点用铜丝扎2圈,再沿圆周划一道深痕,切不可划穿。(2分)

(4) 使用切削刀要先根据电缆绝缘层厚度和导体外径对刀片进行调节。切削绝缘层应使刀片旋转直径略大于电缆导体外径,为防止损伤导体,切削时应套入内衬管。切削外半导电层,刀片旋转直径应略大于电缆绝缘外径,切削后用玻璃片小心地刮清残留外半导电层,注意不要刮伤绝缘层。(3分)

(5) 使用切削反应力锥卷刀时,必须根据电缆绝缘厚度和导体外径对刀片进行调节,并套入内衬管。切削后用玻璃片对锥面进行修整,并用细砂皮做打光处理。(3分)

Jd1F5051 试论电缆绝缘水平。

答:(1) 在各种系统接地方式中,运行于系统的电缆绝缘水平由其过电压倍数和单相接地故障时间所决定。(1分)

(2) 在正常运行的电缆线路上,绝缘将承受相电压。对于中性点接地系统,它等于 $1/\sqrt{3}$ 线电压;对于中性点非有效接地系统,例如经消弧线圈接地,一般规定消弧线圈上压降不超过相电压的15%,在单相接地故障时,其他两相的电压就会达到线电压的75%~80%(对中性点非有效接地系统);而中性点不接地系统,可能达到线电压的100%。我国对于110kV及以上电压等级线路,规定采用中性点有效接地系统。(2分)

(3) 线路故障时间和次数也对电缆绝缘水平影响较大。由于各地系统不一样，管理水平不同，因而故障的切除时间相差甚大，如一些供电局中低压故障时间约为 125h，其中约有 20% 的故障超过国家规定值，10kV 系统个别故障长达 8h，电缆绝缘这样长时间地承受线电压对寿命影响会很大。（2 分）

（4）另外，电缆是一个分布参数的元件，因而这些过电压波进入电缆后会出现叠加现象，各种过电压对其绝缘的破坏程度要比其他电器设备严重得多。（1 分）

（5）大气过电压是由大气雷电引起系统的过电压，它的波形与发生和反击的距离及系统参数有关，而过电压幅值大小主要由避雷器特性决定。为了保证线路在出现可能最高工频电压时，避雷器不动作，避雷灭弧电压应大于可能出现的最大工频电压。线路一相接地，另一相可能出现过电压（U_m）的 0.8 倍，对非有效接地系统则等于系统最高工作线电压，即 U_p=保护比×（100–80）%×系统最高工作线电压；而电缆的冲击绝缘水平要比避雷器的保护绝缘水平高出 30%～70%，即 BIL（基本绝缘水平）≥（20%～30%）U_p。（2 分）

（6）电源和负载开断、合闸、短路故障等引起的内部过电压，由于波形变化缓慢，持续时间长，因而对电缆线路的破坏要大于大气过电压。对于中性点非有效接地系统，使用无并联电阻断路器时，操作过电压幅值可达相电压的 4 倍；中性点有效接地系统可达最大相电压 3 倍左右。（2 分）

Je1F2052　如何进行停电电缆的判断？

答：（1）当多条电缆并列敷设时，要从中判别哪一条是停电的电缆是很困难的。如发生差错很容易造成人身和设备事故。感应法可以很容易地将停电电缆判别出来。（4 分）

（2）听测时，在停电电缆的一端任意两芯接上音频信号发生器，在另一端将电缆接上音信号的两芯短路。在电缆外露部分用马蹄形线圈环绕电缆一周进行听测，则可听到在一周 360° 中有两处音频信号大的地方；再将线圈顺电缆长度方向沿电缆表面移动，则可听到如同短路故障一样，声音按电缆扭绞节距的规律一大一小地变化。而未加信号的电缆，虽有感应音频信号声，但都没有这种声音随位置不同而变化的规律。因此很容易判别已停电的电缆。（6分）

Je1F3053　试论直流耐压试验注意事项。

答：（1）整流电路不同，硅整流堆所受反向工作电压不尽相同，采用半波整流电路时，使用的反向工作电压不要超过硅整流堆的反向峰值电压的一半，（1.5分）不同设备的试验要注意整流管的极性。

（2）硅整流堆串联运用时应采取均压措施。如果没有采取均压措施，则应降低硅整流堆的使用电压。（1.5分）

（3）试验时升压可分 5 个阶段均匀升压，升压速度一般保持 1~2kV/s，每个阶段停留 1min，并读取泄漏电流值。（1.5分）

（4）所有试验用器具及接线应放置稳固，并保证有足够的绝缘安全距离。（1.5分）

（5）电缆直流耐压试验后进行放电：通常先让电缆通过自身绝缘电阻放电，然后通过 80kΩ/1kV 左右的电阻放电，不得使用树枝放电。最后再直接接地放电。当电缆线路较长，试验电压较高时，可以采用几根水电阻串联放电。放电棒端部要渐渐接近微安表的金属扎线，反复放电几次，待不再有火花产生时，再用连接有接地线的放电棒直接接地。（2分）

（6）泄漏电流只能用做判断绝缘情况的参考：电缆泄漏电流具有下列情况之一者，说明电缆绝缘有缺陷，应找出缺陷部位，并进行处理。

1）泄漏电流很不稳定；

2）泄漏电流随时间有上升现象；

3）泄漏电流随试验电压升高急剧上升。（2分）

Je1F4054　护套接地有哪些注意事项？

答：（1）护套一端接地的电缆线路如与架空线路相连接时，护套的直接接地一般设在与架空线相接的一端，保护器装设在另一端，这样可以降低护套上的冲击过电压。（3分）

（2）有的电缆线路在电缆终端头下部，套装了电流互感器作为电流测量和继电保护使用。护套两端接地的电缆线路，正常运行时，护套上有环流；护套一端接地或交叉互联的电缆线路，当护套出现冲击过电压，保护器动作时，护套上有很大的电流经接地线流入大地。这些电流都将在电流互感器上反映出来，为抵消这些电流的影响，必须将套有互感器一端的护套接地线，或者接保护器的接地线自上而下穿过电流互感器。（5分）

（3）高压电缆护层绝缘具有重要作用，不可损坏，电缆线路除规定接地的地方以外，其他部位不得有接地情况。（2分）

Je1F4055　高压电缆护层绝缘有何作用？工作中如何防止护层接地？

答：（1）电缆线路非接地的护套有感应电压，当护层绝缘不良时将引起金属护套交流电腐蚀或火花放电而损坏金属护套。另外，绝缘层对金属护套还有防止化学腐蚀的作用。（2.5分）

（2）如果护层绝缘不良，对于一端接地的电缆线路或交叉互联的线路，当冲击过电压时，保护器尚未动作，护层绝缘薄弱的地方就可能先被击穿。（2.5分）

（3）护套两端接地或交叉互联的电缆线路，当电力系统发生单相接地时，故障电流很大，护套中回路电流也很大。如故障电流为6kA时，两端接地电阻即使很小（如为0.5Ω），当通过回路电流时，护套电压也可能被提高到3000V，如果护层绝缘不良，将会被击穿而烧坏护套和加强带。（2.5分）

（4）护层绝缘损坏击穿电缆线路将形成两点或多点接地，护套上将产生环行电流，从而降低电缆载流量，因此电缆线路除规定接地的地方以外，其他部位不得有接地情况，护套绝缘必须完整良好，施工中必须注意防止护层绝缘操作，电缆护套与金属构件或其他装置相接时应装设绝缘件防止接地，如电缆终端头底座与支架间相连接的四个支点，须装设绝缘子；电缆接头套管与支墩间须装设绝缘件；护套与保护器之间的接线不能用裸导线，一般采用同轴电缆，以保证引线对地的绝缘。这些绝缘件的绝缘性能应与电缆护套对地绝缘对应（能承受 10kV直流电压 1min）。安装时可用 2.5kV 兆欧表测量其绝缘电阻，其值应大于 5MΩ。（2.5 分）

Je1F4056　护层电压是怎样产生的？对电缆有什么影响？应如何处理？

答：（1）单芯电缆在三相交流电网中运行时，线芯电流产生的一部分磁通与铅包相连，这部分磁通使铅包产生感应电压。（3 分）

（2）感应电压数值与电缆排列中心距离和铅包平均半径之比的对数成正比，并且与线芯负荷电流、频率以及电缆的长度成正比。在等边三角形排列的线路中，三相感应电压相等；在水平排列线路中，边相的感应电压较中相感应电压为高。（1分）

（3）单芯电缆铅包接地后，由于铅包感应电压在铅包中产生护层循环电流，此电流大小与电压高低和电缆间距等因素有关，基本上与线芯电流处于同一数量级。（0.5 分）

（4）在铅包内造成护层损耗发热，将降低电缆的输送容量约 30%～40%。（1.5 分）

（5）单芯电缆线路的铅包只有一点接地时，铅包上任一点的感应电压不应超过 65V，并应对地绝缘。（2 分）

（6）如大于此规定电压时，应取铅包分段绝缘或绝缘后连接成交叉互联的接线。（1 分）

（7）为了减小单芯电缆线路对邻近辅助电缆及通信电缆的感应电压，应采用交叉互联接线。（1 分）

Je1F5057　试论交叉互联系统试验方法和要求。

答：交叉互联系统除进行下列定期试验外，如在交叉互联大段内发生故障，则也应对该大段进行试验。如交叉互联系统内直接接地的接头发生故障，则与该接头连接的相邻两个大段都应进行试验。（2分）

（1）电缆外护套、绝缘接头外护套与绝缘夹板的直流耐压试验时必须将护层过电压保护器断开，在互联箱中将另一侧的三段电缆金属套都接地，使绝缘接头的绝缘夹板也能结合在一起试验，然后在每段电缆金属屏蔽或金属套与地之间施加直流电压5kV，加压时间为1min，不应击穿。（2分）

（2）非线性电阻型护层过电压保护器。

1）碳化硅电阻片：将连接线拆开后，分别对三组电阻片施加产品标准规定的直流电压后测量流过电阻片的电流值。这三组电阻片的直流电流值应在产品标准规定的最小值和最大值之间。如试验时的温度不是200℃，则被测得电流值应乘以修正系数（120$-t$）/100（t为电阻片的温度，0℃）。

2）氧化锌电阻片：对电阻片施加直流参考电流后测量其压降，即直流参考电压，其值应在产品标准规定的范围之内。

3）非线性电阻片及其引线的对地绝缘电阻：将非线性电阻片的全部引线并联在一起与接地的外壳绝缘后，用1kV兆欧表测量引线与外壳之间的绝缘电阻，其值不应小于10MΩ。（3分）

（3）互联箱。

1）接触电阻：本试验在作完护层过电压保护器的上述试验后进行。将闸刀（或连接片）恢复到正常工作位置后，用双臂电桥测量闸刀（或连接片）的接触电阻，其值不应大于20μΩ。

2）闸刀（或连接片）连接位置：本试验在以上交叉互联系统的试验合格后密封互联箱之间进行。连接位置应正确，如发现连接错误而重新连接后，则必须重测闸刀（或连接片）的接触电阻。（3分）

Je1F5058　简述 110kV 充油电缆终端头的安装工艺程序。

答：（1）组装检查。安装前需终端进行预装配或检测各部件的尺寸是否配合。对瓷套管、顶盖及尾管作水压试验，检查有无渗漏现象。（1分）

（2）加热绝缘材料。纸卷用感应桶加热，冲洗油用电炉间接加热，高压电缆油加热温度为 65～70℃。瓷套管在安装前揩拭干净后，用红外线灯烘干。（0.5分）

（3）固定电缆及剥除护层。（0.5分）

（4）剖铅、切断电缆芯。剖铅长度根据瓷套管高度及出线梗线芯孔深度而定。自尾管平面上口向上 1160mm 处切断线芯，切时关小压力箱，用扁钢凿断线芯。第一次剖铅 120mm，剥去纸绝缘长度 90mm，套上出线梗，然后卡装或压接，吊直电缆。第二次剖铅至尾管平面向下 100mm。剥除半导体屏蔽纸，在剖铅口留 5mm，冲洗线芯。离剖铅口向上 880mm 处至出线梗，绕包清洁的临时塑料带。（3分）

（5）绕包纸卷。纸卷离剖铅口 10mm 处开始绕包。绕包纸卷过程中，应将他端压力箱适当调节，使油道内充满油，纸绝缘中有油渗出。在绕包过程中勤冲洗并用油勤洗手。套入环氧锥的支撑环及环氧锥，沿应力锥表面从剖铅口向上绕包半导体皱纹纸至应力锥的下口，皱纹纸外绕包直径为 2.6mm 的镀锡铜线，用焊锡将铜线与铅口焊牢并装环氧锥接地极及支架，冲洗干净。关闭两端压力箱。（3分）

（6）组装及封铅。吊装瓷套管，组装终端头；封铅分二次进行。开启两端压力箱冲洗，油自尾管油嘴排出油量约 5～10L 后，关小两端压力箱，改用出线梗接压力箱，再冲洗 5～10L 油。绕包加强带及护层绝缘。（1分）

（7）按标准进行真空注油。（1分）

Jf1F4059　简述网络计划的优点。

答：网络计划的优点有：

（1）它富于直观性，它把整个工程的所有工序联成一体，使各工序之间的关系明确，便于施工者掌握工序的轻重缓急。（2.5 分）

（2）网络计划富于逻辑性，它的编制过程，是对工程进行深入调查、认真分析研究的过程，有利于克服编制工作中的主观盲目性，避免工序的重复或遗漏。（2.5 分）

（3）在施工中，领导者借助网络图能统观全局，抓关键工序，当情况发生变化时，能及早调整出最佳方案。（2.5 分）

（4）施工人员看了网络图知道自己担负的工作，在全局中的地位，有利于发挥主观能动性，搞好协作配合。（2.5 分）

Jf1F4060　电气设备全部或部分停电作业的安全规定是什么？

答：（1）在已投入运行的变电所中，或在其附近的电气设备上工作或是停电作业，应严格执行"电业安全工作规程"，履行停电作业票制度。在电气设备上工作，在工作范围内要有明显的电源断开点，按规定验电、挂接地线，并要设围栏，挂"有人工作，禁止合闸"的标志牌；而且还要有防止由变压器、互感器二次倒送电等措施。施工作业时必须设监护人。（4 分）

（2）挂接地线的规定（顺序），接地线应用软裸铜线，截面积不小于 $25mm^2$，装、拆接地线应使用绝缘棒、戴绝缘手套。接线时，应先接接地端，后接设备端。拆线时，顺序相反。（4 分）

（3）工作人员的正常活动范围与带电设备的安全距离如下：（2 分）

设备电压（kV）	距离（m）	设备电压（kV）	距离（m）
6 以下	0.35	154	2.0
10～35	0.6	220	3.0
44	0.9	330	4.0
60～110	1.5	500	5.0

4.2 技能操作试题

4.2.1 单项操作

行业：电力工程　　　　工种：电力电缆　　　　等级：初

序　号	C05A001	行为领域	d	鉴定范围	2
考核时限	30min	题　型	A	题　分	20
试题正文	裁截电缆并判断其型号的操作				
其他需要说明的问题和要求	1. 取一段截面在 150mm^2 以上有铠装的常用的交联电缆或油浸纸电缆 2. 考生在该段电缆上裁取长 30cm 一段 3. 被裁截出的电缆必需两端皆有锯面，即裁截操作不能在长电缆的端部进行，而应取其中间一截				
工具、材料、设备、场地	钢锯架一把，锯条一根；长度在 40cm 以上的钢尺一把；工作凳 1 张、汽油布；电缆一段				

	序号	项目名称	质量要求	评分标准	扣　分
评分标准	1	工具			
	1.1	装锯条	锯齿方向正确	1	方向错误扣 1 分
	1.2	锯条不断	在锯电缆的过程中锯条不能断	1	断一根锯条扣 1 分
	2	操作			
	2.1	锯电缆	锯面平整	5	一端不平扣 2 分
	2.2	长度正确	在被截取的电缆的四个面测量长度	4	一处长度误差超过 2mm 扣 1 分
	3	电缆剖面判断			
	3.1	截面判断	截面大小判断正确	3	不正确扣 3 分
	3.2	绝缘判断	绝缘类型判断正确	3	不正确扣 3 分
	3.3	电缆电压等级判断	电压等级判断正确	3	不正确扣 3 分

行业：电力工程		工种：电力电缆		等级：初	

序　　号	C05A002	行为领域	e	鉴定范围	2
考核时限	30min	题　　型	A	题　　分	20
试题正文	搪铅操作				
其他需要说明的问题和要求	1. 取长 400mm，直径 80mm 左右的波纹铝管一段，水平固定在离地 400mm 高的支撑物上，在该铝管上环搪铅（摩擦法），可将要求告之被考人员，搪铅宽度 50mm，搪铅厚度 15mm 2. 喷灯法油应远离动火点，否则应扣 2 分				
工具、材料、设备、场地	喷灯（燃气喷枪）；镜子；封铅；硬脂酸；铅焊底料；抹布；砂纸（钢丝刷）；钢尺；外卡；电缆一段或空心波纹管一截				

	序号	项目名称	质量要求	评分标准	扣　　分
评分标准	1	清除表面氧化膜			
	1.1	打磨	用砂纸（钢丝刷）打磨铝管表面	2	打磨不干净扣 2 分
	1.2	加热	用喷灯对铝管加热	1	加热不均匀扣 1 分
	1.3	上底料	在铝管上涂锌锡合金底料	4	未上底料扣 2 分；涂抹不匀扣 2 分
	2	搪铅			
	2.1	动作协调	姿势，动作应便于操作	1	不协调扣 1 分
	2.2	封铅与铝管接触	封铅与铝管接触应牢靠，表面无裂纹	4	接触不好扣 3 分；有裂纹扣 1 分
	2.3	对尺寸和形状要求	尺寸和形状应符合题中要求	4	尺寸不对扣 2 分；形状不好扣 2 分
	2.4	对美观要求	封焊应均匀，光滑，无毛刺	2	不光滑，不均匀扣 1 分
	2.5	冷却	用硬脂酸以予冷却	1	未用硬脂酸冷却扣 1 分
	3	其他			
	3.1	封铅不能落地太多	落地封铅不能超过已使用封铅 1/4	1	超过 1/4 者扣 1 分
	3.2	时间	冷却封铅不计时	1	时间超过规定时间 2min 扣 1 分

行业：电力工程　　　　　　工种：电力电缆　　　　　等级：初

序　号	C05A003	行为领域	e	鉴定范围	2
考核时限	25min	题　型	A	题　分	20
试题正文	电缆的半导电层绝缘表面缠绕绝缘包带的操作				
其他需要说明的问题和要求	1. 取长 1000mm，10kV 交联电缆的其中一相芯线（保留至半导体层） 2. 将一端固定 3. 剥去 700mm 半导体层 4. 用聚四氧乙烯带在芯线上来绕包五层，700mm 长（未剥半导电层的部分可不包），每包一层，表面皆需用硅油涂抹				
工具、材料、设备、场地	1. 10kV—ELPE 电力电缆 1000mm 长的芯线一根 2. 聚四氧乙烯带一卷 3. 硅油适量 4. 玻璃片若干片或自备刀一把（不能使用专用剥削工具） 5. 细砂纸半张，清洁帕一张				

	序号	项目名称	质量要求	评分标准	扣　分
评分标准	1	剥半导体层			
	1.1	剥削	剥除半导体层时不能将绝缘划伤	5	一处划痕扣 1 分，扣完为止
	1.2	打磨	用砂纸打磨绝缘表面使其光滑均匀	2	打磨不匀扣 1 分
	1.3	表面清洁	用清洁帕清洗绝缘表面，不能来回擦拭	2	未按要求清洁扣 1 分
	2	绝缘绕包	绝缘绕包应采用半搭盖方式	4	未采用半搭盖方式扣 2 分
			绕包时不能将包带跌落	2	落带一次扣 1 分
			绕包紧密，不能松带	2	绕包不紧密扣 2 分
	3	时间			每超过 1min 扣 1 分，扣完为止

行业：电力工程　　　　工种：电力电缆　　　　等级：初

序　号	C05A004	行为领域	d	鉴定范围	1
考核时限	20min	题　型	A	题　分	20

试题正文	牵引网套的方法敷设电缆的操作

其他需要说明的问题和要求	1. 本操作仅作为敷设电缆的一个环节的考核，用钢丝绳绑扎的方法 2. 将电缆事先摆成稍带弧形的形状 3. 绑扎方法见图 CA-1，图 CA-2，其中 10 匝为一扣，双股绑扎 4. 10m 为一绑扎段，一个绑扎段做 4 扣，每扣间的距离为 1.5m

工具、材料、设备、场地	1. 牵引用钢丝网套一个，铜丝三卷 2. 电缆 15m 3. 直径 13mm，钢丝绳 20m 4. 直径 5mm，尼龙绳 4 段 5. 钢丝钳

	序号	项目名称	质量要求	评分标准	扣　分
评分标准	1	扎牵引网套			
	1.1	套网套	使网套的每根钢丝平帖于电缆护套上	2	未理钢丝绳扣 1 分
	1.2	扎铜丝	在网套的首部，中部和端部扎二处铜丝	4	扎线不牢扣 3 分；不会操作扣 4 分
	2	绑绳扣			
	2.1	应有正确的绑扎方法	在钢丝上绑两扎，然后在钢丝和电缆上共同绑两扎	6	不会操作扣 6 分；方法不对扣 3 分
	2.2		绑扎时钢丝绳应平贴于电缆上	2	钢丝绳与电缆离 3cm 以上扣 2 分
	2.3		钢丝绳应绑在电缆弯曲的内侧	2	绑在外侧扣 2 分
	3	时间		4	在规定时间内未完成扣 4 分；每超出规定时间每 3min 扣 1 分

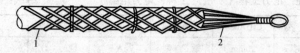

图 CA-1　牵引网套

1—电缆；2—钢丝套

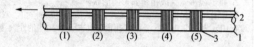

图 CA-2　一个绑扎段示意图

1—电缆；2—钢丝绳；3—尼龙绳；

（1）～（5）—绳扣

行业：电力工程　　　　工种：电力电缆　　　　等级：初/中

序　号	C54A005	行为领域	e	鉴定范围	3
考核时限	20min	题　型	A	题　分	20
试题正文	运行中的电缆，停电摇测绝缘电阻的操作				
其他需要说明的问题和要求	1. 假设两端皆已与线路断开 2. 可模拟在线路上工作的状态，但不考核登杆或其他操作，亦可在实际线路上进行				
工具、材料、设备、场地	1. 电缆（10kV） 2. 兆欧表、测量用绝缘线、接地线 3. 手表或其他计时器				

	序号	项目名称	质量要求	评分标准	扣　分
评分标准	1	工作准备			
	1.1	对电缆进行放电	将接地线牢固接地，然后将电缆各相分别放电并接地	1	未放电、未接地扣1分
	1.2	注意另一端安全	派人到另一端看守或装好安全遮栏，防止有人接触被试电缆	1	另一端未做安全措施扣1分
	1.3	对表计本身的检查	检查兆欧表是否能达∞或短路时指零	1	未对表计作检查扣1分
	2	摇测			
	2.1	转速	转速120r/min	2	未达要求转速扣1分；摇速不稳扣1分
	2.2	摇测	当兆欧表达到规定速度后，对各相逐一进行测试，并做好记录，测试一相时其他两相应接地	4	不是各相分别测试扣1分；未做记录扣1分；测试一相时其他两相未接地扣1分；不能正确读数扣1分
	2.3	放电	当一相测试完后，应选取下测试相，然后对电缆放电并接地	4	表未离开就放电扣2分；摇测后未放地接地扣2分
	2.4	吸收比试验	对电缆摇测应分别读取15s和60s时的绝缘数值，并做好记录	4	不能正确读取15s和60s数值扣3分，未作记录扣1分
	3	结束工作			
	3.1	收拾仪表、材料	收拾仪表和各种临时用线	1	未收拾干净扣1分
	3.2	安全措施	撤出另一端看护人员或安全遮栏	1	未撤他端人员或遮栏扣1分
	3.3	工作结束	恢复原状向工作负责人汇报工作结束	1	未汇报工作扣1分

行业：电力工程　　　　　工种：电力电缆　　　　　等级：初

序　　号	C04A006	行为领域	e	鉴定范围	2
考核时限	20min	题　型	A	题　分	20
试题正文	对电缆故障所显示的几种不同波形的分析判断				
其他需要 说明的问 题和要求	1. 虽然现在各地已广泛作用各种智能型电缆故障探测仪，但为了避免产生知其然不知其所以然的情况，仍要考核大家对波形的认识，从而加强对故障判断和分析的能力 2. 需分析判断的波形有：低压脉冲波；断线故障波；一般单相接地波；特殊单相接地波；闪络故障波 3. 配操作人员一名，操作员显示某种波形后，再叫被考者观察、分析、判断				
工具、材料、 设备、场地	1. 一台配有仿真模板且能并示波形的故障探测仪（西安四方的SDCF-3电缆故障仿真模板，可以满足各种故障显示要求） 2. 220V电源箱及各种需使用的导线				

	序号	项目名称	质量要求	评分标准	扣　分
评 分 标 准	1	用低脉冲法测试的三种波形	见图 CA-3		不识波形扣分
	1.1	短路故障波形	两个波形反相	2	2
	1.2	断线故障波形	两波形同相	2	2
	1.3	测电缆全长	电缆另一端开路	2	2
	2	用直流高压闪络法	参考图 CA-4	2	2
	2.1	有一定距离时的波形	距离应大于100m	2	2
	2.2	故障点靠近测试端的波形	见图 CA-5	2	2
	3	用冲击高压闪络法			
	3.1	冲闪法全貌波形	见图 CA-6	2.5	2.5
	3.2	故障点不放电或放电不完善时的波形	参考图 CA-7	2.5	2.5
	3.3	故障点在用户端头或靠近他端的波形	见图 CA-8	2.5	2.5
	3.4	故障点靠近测试端的波形	见图 CA-9	2.5	2.5
	4	时间			超过时间扣 2分

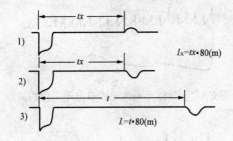

图 CA-3　几种波形

1）短路故障波形（两个波形反相）；
2）断线故障波形（两个波形同相）；
3）粗测电缆全长（电缆另一端开路）

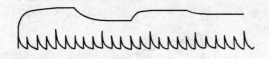

图 CA-4　直闪法波形

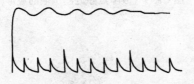

图 CA-5　故障点靠近测试端波形

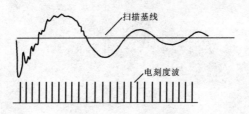

图 CA-6　冲闪法波形全貌

图 CA-7　故障点不放电或放电不完善的波形

图 CA-8　故障点在用户端头或靠近端头的波形

图 CA-9　故障点靠近测试端的波形

序　号	C54A007	行为领域	e	鉴定范围	2
考核时限	25min	题　型	A	题　分	20
试题正文	电桥法测量电力电缆单相低阻接地故障				
其他需要说明的问题和要求	1. 已知某电缆三相中的一相绝缘损坏，并且对地电阻稳定在一个低值上，而其他两相绝缘完好 2. 电缆是否有不同截面、不同导体连接，地理位置等情况事先告之清楚 3. 安全措施不属本考核范围				
工具、材料、设备、场地	1. 万用表一块；808型惠斯登电桥一台 2. 短路用线一段，导线若干				

	序号	项目名称	质量要求	评分标准	扣　分
评分标准	1	判断电缆是否断线	题中只说明低阻接地，并未说明是否断线，故需事先判断故障（一般用万用表即可）、电缆线芯完好性	2	未判断线芯完好性扣2分；判断方法不正确扣1分
	2	测量	正确判断无断线情况后，可开始测量		
	2.1	对他端相间短接的要求	将故障相和完好相的其中一相在另一端用导线或其他方法短接	3	跨接线截面小于被测电缆导体截面扣2分；跨接接触不好扣1分
	2.2	接线	仪器所用测量线应尽可能短而粗，以减少测量误差	2	接线不正确或接触不好扣1分
	2.3	故障测试	测试前应先打开检流计的锁，调零	1	未调零扣1分
			测试时应先按下电源按钮对电缆充电，再转动桥臂	3	未先充电扣1分；不会调节比率臂和测量臂扣2分
			在电桥未平衡前只能轻按检流计按钮，不得使检流计猛烈撞针	2	3次以上猛烈撞针扣2分
	3	反接法再测一次	符合以上规定，用反接法再测一次	3	未进行反接法测量扣3分
	4	计算	记下反接法所得数据，取其平均值进行计算	4	计算结果不正确扣4分

行业：电力工程　　　工种：电力电缆　　　等级：初/中

序　号	C05A008	行为领域	e	鉴定范围	1
考核时限	30min	题　型	A	题　分	20
试题正文	10kV电力电缆直流耐压及泄漏电流试验				
其他需要说明的问题和要求	1. 微安表应置于高压侧 2. 不得采用硅堆和试验变压器一体的设备 3. 试验电压见《电力设备预防性试验规程》表23、表25（U/U_0由考评员定） 4. 绝缘摇测不在考评范围 5. 配一人监护				
工具、材料、设备、场地	高压试验器；硅堆；微安表（含开关和扩大量程部分）；调压和控制设备；兆欧表；试验用线				

	序号	项目名称	质量要求	评分标准	扣　分
评 分 标 准	1	试验前准备			
	1.1	准备场地	试验场地围好围栏	1	未做扣1分
	1.2	挂标牌和清洁表面	电缆另一端挂好警示牌或派人看守，将两端电缆头表面擦净	1	未做扣0.5分，不处理扣0.5分
	2	核准试验电压并根据要求测算试验变压器低压读数（变比已知）		1	计算错误扣1分
	2.1	试验电压	确定被试设备的试验电压	1	不正确扣1分
	2.2	换算	能独自进行交直流及高低压换算	2	换算不正确扣2分
	3	摇测	不作为考评，但必须完成这一过程	1	未做扣1分
	4	试验接线			
	4.1	检查电源	检查电源电压（交流220V）	1	未检查扣1分
	4.2	设备连接	设备连接正确、可靠	1	不正确扣1分
	4.3	高压引线对地的绝缘距离	高压引线对地的绝缘距离保持足够	1	不正确扣1分

244

	序号	项目名称	质量要求	评分标准	扣　分
	4.4	接地线	接地线牢靠	1	接地不善扣 1 分
	4.5	硅堆极性、表计量程选择	硅堆极性正确、表计置放及量程选择正确	2	极性反了扣 1 分；不正确扣 1 分
	4.6	试验接地	试验一相时其他两相接地正确	1	不正确扣 1 分
	5	试验操作			
评分标准	5.1	合闸升压	接到监护人指令并大声复诵后方可合闸升压	1	未复诵扣 1 分
	5.2	拆接地线、加压、升压速度控制	拆下应试相接地线，加压时应有呼应，升压速度控制在 1~2kV/s	2	升压太快扣 1 分、升压不正确扣 1 分
	5.3	读数、记录	随电压逐级上升，分别在 1/4、1/2、3/4 及全电压时读取相应的泄漏电流（应在每次升压后 1min 时读取），在耐压试验终了时读取耐压后的泄漏电流，同时做好记录	2	读泄漏电流不正确或读电流时操作不正确扣 2 分
	5.4	结束工作	每相试验完毕，应先将调压器回零，然后切断电流，再用放电棒放电，当微安表置于高压侧时，应在微安表靠电缆一侧先放电，并将表的短路开关合上	1	操作不正确扣 1 分

行业：电力工程　　　　工种：电力电缆　　　　等级：初/中

序　号	C54A009	行为领域	d	鉴定范围	
考核时限	20min	题　型	A	题　分	20
试题正文	对 10kV 电缆进行相序识别的操作				
其他需要说明的问题和要求	1. 相序识别应在双回路线路上进行 2. 相序识别应由三人进行，其中一人监护、一人操作、一人读表 3. 相序识别的杆上工作应戴安全帽、使用登杆工具、系好安全带，室内工作需与其他设施保持安全距离 4. 相序识别考核最好不要在实际运行线路上进行，并站在绝缘垫上，运行线路应退出重合闸				
工具、材料、设备、场地	1. 相序识别仪（电阻标、绝缘杆、相序表） 2. 上面提到的安全工具和绝缘手套				

	序号	项目名称	质量要求	评分标准	扣　分
评分标准	1	执行工作票制度	带电作业需开第二种工作票	3	未开工作票扣3分
	2	严格执行监护制度	无监护人不得自行操作，操作时所站的最佳位置和姿势应事先选择	3	不在监护人监护和指导下擅自操作扣 2 分；操作动作、位置考虑不周扣 1 分
	3	检查电阻杆电流表和接地	工作前应检查电阻杆是否合格、接地引线是否牢靠、表计指示是否正确	3	未检查接地、电阻杆、仪表各扣 1 分
	4	检查核相仪的指示正确性	操作人员操作时应戴绝缘手套	1	未戴绝缘手套扣 1 分
			手应握在绝缘杆上，而不能握在电阻杆上	3	手握位置不以对应制止并扣 1 分，不进行检验扣 2 分
	5	在被测线路上测试			
	5.1	挂相	测量时应先挂一相线路再挂另一相线路	3	操作不正确扣3分
	5.2	工作位置选择	测量人员身体不应接触测量引下线	3	引下线靠在人身体上扣3分
	5.3	记录	测量相位时应画简图并作记录	4	绘图或记录不正确扣4分

行业：电力工程　　　　工种：电力电缆　　　　等级：初/中

序　号	C54A010	行为领域	e	鉴定范围	2
考核时限	60min	题　型	A	题　分	20
试题正文	10kV-XLPE电缆热缩户内终端头安装				

其他需要说明的问题和要求	1. 本工作可有一人辅助实施，但不得有提示性行为 2. 为了免除对环境因素的考虑，一般宜在户内进行 3. 导体截面与材质不限，但被考评者应根据不同型号电缆选择附件、工具和相关材料 4. 电缆型号和相位事先告之 5. 施工尺寸见附件供应商提供的图纸
工具、材料、设备、场地	1. 压接工具（最好配两套，由操作者选择） 2. 钢锯或其他剪切工具 3. 端子（铜端子、铝端子、铜铝端子各准备一些） 4. 橡塑电缆剥、切、削的专用工具 5. 烙铁 6. 电缆附件（终端头，最好配三套不同规格的终端，由操作人员选择） 7. 喷灯或燃气喷枪

评分标准	序号	项目名称	质量要求	评分标准	扣　分
	1	准备工作			
	1.1	工具、材料的选择	正确选用工具（如压接钳），附件（终端）和材料（端子）	1.5	选择错误扣0.5分
	1.2	支撑、校直、外护套擦拭	为了便于操作，选好位置，将要进行施工的部分支架好，同时校直，擦去外护套上的污迹	1.5	一项工作未做扣0.5分
	1.3	将电缆断切面锯平	如果电缆三相线芯锯口不在同一平面上或导体切面凹凸不平应锯平	0.5	未按要求做扣0.5分
	1.4	校对施工尺寸	根据附件供应商提供的图纸，确定施工尺寸	2.5	一处尺寸与图纸不符扣0.5分，扣完为止
	2	终端制作			
	2.1	操作程序控制	操作程序应按上述图纸进行	3	程序错误扣0.5分；遗漏工序扣1分，扣完为止

	序号	项目名称	质量要求	评分标准	扣 分
评分标准	2.2	剥除外护层、铠装、内护层、内衬、铜屏蔽及外半导电层等	剥切时切口不平，金属切口有毛刺或伤及其下一层结构，应视为缺陷；绝缘表面干净、光滑、无残质，均匀涂上硅脂	3	一项未达要求扣0.5分
	2.3	绑扎和焊接	绑扎铠装及接地线，固定铜蔽屏要平整，不能松带，焊点应平滑、牢固，焊接点厚度不大于4mm	2.5	一处未达要求扣0.5分
	2.4	包绕填充胶和热缩三指手套应力管和绝缘管	填充胶包绕应成形（橄榄状或苹果状），三指手套、应力管、绝缘管套入皆应到位，收缩紧密，管外表无灼伤痕迹，三指手套由根部向两端加热，绝缘管由三叉根部向上加热	3	一处未达要求扣0.5分
	2.5	剥削绝缘和导体压接端子	剥去绝缘处应削成铅笔状，压接端子既不可过渡亦不能不紧，以阴阳模接触为宜，压接后端子表面应打磨光滑	2	一处未达要求扣0.5分
	2.6	固定相色密封管	所告之的与相位相符	0.5	未包相色或相色不正确扣0.5分
	3	时间		1	每超过5min扣1分

行业：电力工程　　　　工种：电力电缆　　　　等级：初/中

序　号	C54A011	行为领域	e	鉴定范围	2
考核时限	60min	题　型	A	题　分	20
试题正文	10kV-XLPE 电缆冷缩户内终端头安装				

其他需要说明的问题和要求	1. 本工作可有一人辅助实施，但不得有提示性行为 2. 为了免除对环境因素的考虑，一般宜在户内进行 3. 导体截面与材质不限，但被考评者应根据不同型号电缆选择附件、工具和相关材料 4. 电缆型号和相位事先告之 5. 施工尺寸见附件供应商提供的图纸 6. 冷缩操作只做一相
工具、材料、设备、场地	1. 压接工具（最好配两套，由操作者选择） 2. 钢锯或其他剪切工具 3. 端子（铜端子、铝端子、铜铝端子各准备一些） 4. 橡塑电缆剥、切、削的专用工具 5. 电缆附件（终端头，最好配三套不同规格的终端，由操作人员选择）

	序号	项目名称	质量要求	评分标准	扣　分
评分标准	1	准备工作			
	1.1	工具、材料的选择	正确选用工具（如压接钳）、附件（终端）和材料（端子）	1.5	选择错误扣0.5分
	1.2	支撑、校直、外护套擦拭	为了便于操作，选好位置，将要进行施工的部分支架好，同时校直，擦去外护套上的污迹	1.5	一项工作未做扣0.5分
	1.3	将电缆断切面锯平	导体切面凹凸不平应锯平	0.5	未按要求做扣0.5分
	1.4	校对施工尺寸	根据附件供应商提供的图纸，确定施工尺寸	2.5	一处尺寸与图纸不符扣0.5分，扣完为止
	2	终端制作			
	2.1	操作程序控制	操作程序应按上述图纸进行	3	程序错误扣0.5分；遗漏工序扣1分，扣完为止

	序号	项目名称	质量要求	评分标准	扣分
评分标准	2.2	剥除外护层、铠装、内护层、内衬、铜屏蔽及外半导电层等	剥切时切口不平，金属切口有毛刺或伤及其下一层结构，应视为缺陷；绝缘表面干净、光滑、无残质，均匀涂上硅脂	3	一项未达要求扣0.5分
	2.3	安装接地铜环，并将接地铜带引下	接地铜环上应包绕PVC带，接地引下应贴在自粘带上，并再包自粘带	2.5	未按要求做扣1分
	2.4	半导电带的绕包	在铜屏蔽和绝缘交接处用半导电带半搭盖方式，紧密绕包，且起始与终点都在铜带上，做好终端安装基准标志	1.5	未按要求做扣0.5分
	2.5	冷缩首套和直管	清洁绝缘表面，并用少许硅脂，首套应置于三叉根部，逆时针抽芯绳，使其收缩，先缩颈部，后缩三叉，首套和直管应有搭盖	3	未按要求，每项扣0.5分
	2.6	剥削绝缘和导体压接端子	剥去绝缘切口要平，压接端子既不可过亦不能不紧，以阴阳模接触为宜，压接后端子表面应打磨光滑，端子内壁少量导电胶	2	未按要求做扣0.5分
	2.7	端部密封	将绝缘端部与端子之间的空隙密封并成锥形	0.5	未按要求做扣0.5分
	3	时间		1	每超过5min扣1分

行业：电力工程　　　　　工种：电力电缆　　　　　等级：初/中

序　　号	C54A012	行为领域		e	鉴定范围	2
考核时限	60min	题　　型		A	题　　分	20
试题正文	10kV 交联电缆硅橡胶预制式户内终端头安装					
其他需要说明的问题和要求	1. 本工作可有一人辅助实施，但不得有提示性行为 2. 为了免除对环境因素的考虑，一般宜在户内进行 3. 导体截面与材质不限，但被考评者应根据不同型号电缆选择附件、工具和相关材料 4. 电缆型号和相位事先告之 5. 施工尺寸见附件供应商提供的图纸 6. 应力锥操作只做一相					
工具、材料、设备、场地	1. 压接工具（最好配两套，由操作者选择） 2. 钢锯或其他剪切工具 3. 端子（铜端子、铝端子、铜铝端子各准备一些） 4. 橡塑电缆剥、切、削的专用工具 5. 烙铁 6. 电缆附件（终端头，最好配三套不同规格的终端，由操作人员选择） 7. 喷灯或燃气喷枪					

	序号	项目名称	质量要求	评分标准	扣　分
评 分 标 准	1	准备工作			
	1.1	工具、材料的选择	正确选用工具（如压接钳）、附件（终端）和材料（端子）	1.5	选择错误扣0.5分
	1.2	支撑、校直、外护套擦拭	为了便于操作，选好位置，将要进行施工的部分支架好，同时校直，擦去外护套上的污迹	1.5	一项工作未做扣0.5分
	1.3	将电缆断切面锯平	如果电缆三相线芯锯口不在同一平面上或导体切面凹凸不平应锯平	0.5	未按要求做扣0.5分
	1.4	校对施工尺寸	根据附件供应商提供的图纸，确定施工尺寸	2.5	一处尺寸与图纸不符扣0.5分，扣完为止
	2	终端制作			

	序号	项目名称	质量要求	评分标准	扣　分
评分标准	2.1	操作程序控制	操作程序应按上述图纸进行	3	程序错误扣0.5分；遗漏工序扣1分，扣完为止
	2.2	剥除外护层、铠装、内护层、内衬、铜屏蔽及外半导电层等	剥切时切口不平，金属切口有毛刺或伤及其下一层结构，应视为缺陷；绝缘表面干净、光滑、无残质，均匀涂上硅脂	2.5	一项未达要求扣0.5分
	2.3	绑扎和焊接	绑扎铠装及接地线，固定铜屏蔽要平整，不能松带，焊点应平滑、牢固，焊接点厚度不大于4mm	2	一处未达要求扣0.5分
	2.4	包绕填充胶和热缩三指手套应力管和绝缘管	填充胶包绕应成形（橄榄状或苹果状），三指手套、应力管、绝缘管套入皆应到位，收缩紧密，管外表无灼伤痕迹，三指手套由根部向两端加热，绝缘管由三叉根部向上加热	2	一处未达要求扣0.5分
	2.5	剥削绝缘和导体压接端子	不需成形，剥去绝缘，切口要平	1.5	一处未达要求扣0.5分
	2.6	绕包半导体带做好安装记号	用半导体带将铜屏蔽口包住，并向下覆盖热缩管，在热缩上用自粘带做好应力锥安装记号	1	未达要求扣1分
	2.7	安装应力锥	将硅脂涂在绝缘表面和应力锥内，把应力锥套进电缆并把其推至所做的记号处，端子外包两层硅橡胶带	2	应力锥不到位扣1分，其他不符要求扣0.5分
	3	时间		1	每超过5min扣1分

行业：电力工程　　　　工种：电缆安装　　　　等级：初/中

编　号	C05A013	行为领域	e	鉴定范围	1
考核时限	20min	题　型	A	题　分	100（20）
试题正文	需并路的380V电源核相				

其他需要说明的问题和要求	1. 单人独立操作，现场平台演示 2. 现场提供相邻的380V交流电源两路 3. 标明所确定的相位 4. 注意安全，防止触电 5. 工具准备齐后开始计时，超过1min扣2分 A B C ○○○　　○○○ 万用表 图CA-10
工具、材料、设备、场地	万用表1块，塑料粘胶带黄、绿、红、黑各0.25m，相序表1块

	序号	项目名称	质量要求	评分标准	扣　分
评 分 标 准	1	说出核相方法	正确、清晰	5	方法错误扣5分
	2	用相序表测定任一路电源的相位	由相序表正反转测定电源的相位，正确，相位标识正确，黄、绿、红对应A、B、C	6	任一相错误为零分
	3	万用表档位选择	正确无误，使用方法得当	4	错误扣4分
	4	以确定的一路电源相位，用万用表核定另一路电源相位，相序相同电压为零	按测试方法接线正确，相位判定正确，标识正确	5	任一项错误为零分

行业：电力工程　　　工种：电缆安装　　　等级：初/中

编　号	C05A014	行为领域	e	鉴定范围	1
考核时限	30min	题　型	A	题　分	100（30）
试题正文	电缆保护管弯制				

其他需要说明的问题和要求	1. 单人操作，协助人不可做指导性工作 2. 施工平台演示，工具材料备齐后开始计时，超时1min扣2分 3. 注意安全，正确使用防护用品 4. 按规定尺寸弯制保护管，不刷漆 5. 施工具体步骤按个人习惯

工具、材料、设备、场地	1. 弯管机1台（手动、电动均可） 2. 无齿锯1台 3. 圆锉、半圆锉、平锉各1 4. 护目镜、手套、钢丝刷、直角尺、钢卷尺、试电笔 5. 黑色水煤气管（ϕ40、4m） 6. 施工平台

	序号	项目名称	质量要求	评分标准	扣　分
评分标准	1	备齐所用工器具，并检查所领用材料质量	齐全、完备	3	漏项扣1分
	2	接好待用器具电源	接线正确、安全施工	3	接线不正确扣1分；安全措施不到位扣1分
	3	使用保护管弯制保护管	椭圆度、弯曲半径符合规范，模具选择正确，弯曲度符合要求	10	每一项不合格扣1分
	4	按规定尺寸截取保护管长度	尺寸准确，误差不大于3mm，管口平齐	8	每一项不合格扣1分
	5	保护管管口打磨、除锈	管口无毛刺、锐边，管子表面光滑，无锈蚀、斑点	6	每一处不合格扣1分

254

行业：电力工程　　　　工种：电力电缆　　　等级：初/中

序　号	C54A015	行为领域		d	鉴定范围	3
考核时限	30min	题　　型		A	题　　分	20
试题正文	喷灯的组装操作					
其他需要说明的问题和要求	喷灯结构如图 CA-11					
工具、材料、设备、场地	1. 喷灯零件 2. 扳手、钢丝钳、螺丝刀 3. 汽油桶（其中有满足一只喷灯容积的汽油）、漏斗 4. 喷灯零件					

评分标准	序号	项目名称	质量要求	评分标准	扣　分
	1	喷灯装配	装配正确，无零件遗漏，最后能达到喷油的目的	17	少装一个零件扣 1 分；不能喷油扣 3 分；不能顺畅打气扣 1 分
	2	时间		3	超过时间扣 1～3 分

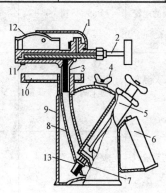

图 CA-11

1—挡火罩；2—节油阀杆；3—铜辫子；4—加油嘴；5—打气筒；
6—把手；7—逆止阀；8—吸油管；9—油筒；10—点火碗；
11—疏通口螺丝；12—燃烧嘴；13—出气口

255

行业：电力工程　　　　工种：电缆安装　　　　等级：初/中

编　　号	C05A016	行为领域	e	鉴定范围	1
考核时限	60min	题　　型	A	题　　分	100（20）
试题正文	配制 2kg 的封铅				

其他需要说明的问题和要求	1. 要求单独操作 2. 注意安全，熔化铅锡时不得使水滴进入锡锅 3. 穿长袖工作服，戴护目镜、手套 4. 配置后余料要收回 5. 材料、工具备齐，开始计时

工具、材料、设备、场地	1. 锡锅、汽油喷灯 2～3 把、磅秤、天平、纯铅 2kg、纯锡 1kg、浇注铅条模具、铁勺、火柴、废棉丝、搅拌棒 2. 制作现场不得有易燃、易爆物品 3. 照明充足、天气无雨

	序号	项目名称	质量要求	评分标准	扣　分
评分标准	1	说出封铅的配置重量比	铅 65%、锡 35%±1%	5	不正确扣 5 分
	2	说出简易测温方法	可将一张白纸，放于锅内 1～2s 后，变黄则合适	5	不知道测试方法或测试方法不正确扣 5 分
	3	秤取铅锡重量	要求准确误差不大于 1%	5	不准确扣 5 分
	4	加热、搅拌、浇注	方法正确，成型后的铅条匀称、平直	5	操作不熟练，成型后不匀称、不平直扣 5 分

行业：电力工程　　　　工种：电力电缆　　　　等级：中/高

编　　号	C05A017	行为领域	f	鉴定范围	2
考核时限	20min	题　　型	A	题　　分	100（30）
试题正文	使用 MP 型手提泡沫灭火器扑灭火灾				
其他需要说明的问题和要求	1. 要求独立操作 2. 考试前预先燃起一堆火，供灭火用 3. 无关人员退出考试现场 4. 灭火器械备齐后，由主考人宣布开始，并同时计时				
工具、材料、设备、场地	1. 考试现场提供 1 套 MP 型手提泡沫灭火器 2. 考试用火堆已点燃 3. 灭火现场无关人员退出，无关易燃、易爆物清离现场				

	序号	项目名称	质量要求	评分标准	扣　　分
评分标准	1	说出泡沫灭火器可扑灭哪些初期火灾	各种油脂类、石油产品、木、竹、棉、麻等任选 6 种	5	说不出扣 5 分，说错一个、少说一个均扣 1 分
	2	说出泡沫灭火器不可扑灭哪些初期火灾	电气设备，怕腐蚀设备、器械等	5	说不出扣 5 分，说错一个、少说一个均扣 1 分
	3	了解灭火器筒内及瓶胆内所装溶液	筒内装减性溶液（发泡剂）瓶胆内装酸性溶液（硫酸铝）	5	说错或说反均扣 5 分
	4	使用方法及操作的熟练程度	提起灭火器时筒身不可过度倾斜；平稳地提到现场，倾倒筒身，上下摆动几次，使两种药液混合产生泡沫；将喷嘴对准火堆，借助筒内气体压力，泡沫喷向火堆将或扑灭	10	操作方法不对扣 5 分，操作不熟练扣 5 分
	5	使用时注意事项	不允许将筒盖和筒底对向人体以防爆破造成事故	5	操作不当扣 5 分

行业：电力工程　　　　　工种：电缆安装　　　　　等级：初/中

编　号	C05A018	行为领域	e	鉴定范围	1
考核时限	20min	题　型	A	题　分	100（20）
试题正文	制作电缆接地卡子				

其他需要说明的问题和要求	1. 要求独立完成 2. 照明充足 3. 正确使用安全用品用具 4. 材料工具备齐，开始计时

工具、材料、设备、场地	1. 汽油喷灯、汽油、棉布、硬脂酸、鲤鱼钳、铁皮剪子及常用电工工具1套 2. 打卡子用钢带取自铠装钢甲，用喷灯加热做退火处理冷却后待用

	序号	项目名称	质量要求	评分标准	扣　分
评分标准	1	说出打卡子的准确位置、尺寸，应打卡子的数量及卡子间隔距离	位置、尺寸、数量、间隔应正确	5	每说错一项扣2分，直至0分
	2	操作方法	操作熟练，方法正确	5	不熟练扣2分，方法不正确扣5分
	3	卡子位置、间距、尺寸的掌握	位置、间距尺寸准确	5	位置、间距、尺寸不准确扣2分
	4	外观检查	整齐、牢固	5	不美观、有痕迹扣3分

258

行业：电力工程　　　　工种：电缆安装　　　　等级：初/中

编　号	C05A019	行为领域	e	鉴定范围	1
考核时限	15min	题　型	A	题　分	100（20）
试题正文	填写一份电缆头安装自检记录				

其他需要说明的问题和要求	1. 要求独自填写 2. 重点考察填写人综合能力 3. 填写时必须提供一份原始数据 4. 笔、纸、资料备齐计时开始
工具、材料、设备、场地	1. 自检用记录表格 1～2 份，碳素水钢笔、蓝黑水钢笔、圆珠笔、铅笔各 1 支，原始记录 1 份 2. 场地为有办公桌椅的室内

	序号	项目名称	质量要求	评分标准	扣　分
评分标准	1	笔型选用	碳素墨水钢笔	2	选错笔扣 2 分
	2	字型、字迹要求	字型要易于辨认，字迹要清晰、端正，不可有污点	5	不符合要求扣 3 分
	3	填写内容	要求填写起点、终点、电缆编号、制作人、制作日期、制作前后的绝缘电阻、外观有无损伤及接地是否符合要求	10	胡编乱造扣 10 分，每缺 1 项扣 2 分
	4	填写格式	格式正确无遗漏	3	格式不正确扣 3 分，每遗漏 1 项扣 1 分

行业：电力工程　　　　工种：电力电缆　　　　等级：中/高

序　号	C43A020	行为领域	e	鉴定范围	2
考核时限	45min	题　型	A	题　分	20
试题正文	停电电缆的判别和裁截的操作				

其他需要说明的问题和要求	1. 在众多同型号电缆共处一处的场合，判断出其中一根需检修且已退出运行的电缆（其他电缆在运用中） 2. 注意不得伤及其他带电电缆 3. 裁截电缆可不在长电缆上进行而在一段短电缆模拟操作

工具、材料、设备、场地	1. 带电电缆识别仪 2. 锯电缆或其他电缆裁截工具 3. 绝缘用具

	序号	项目名称	质量要求	评分标准	扣　分
评分标准	1	排除其他型号电缆	通过观察和电缆外径测量，排除其他电缆缩小鉴定范围	1	识别不准或商量不正确扣1分
	2	信号发送			
	2.1	拆连线	在终端处拆除被识电缆与电气设备的连线	1	未拆连线扣1分
	2.2	电缆信号发生器接地线拆接	电缆接地线和信号发生器接地的拆接，因不同厂家产品使用方法各异	1	接线不对扣1分
	2.3	发送信号	以仪器说明为根据，将信号源接至电缆芯线发送信号	1	操作不正确扣1分
	3	通信联络	与发收端保持通信联络	1	无通信联络准备扣1分

	序号	项目名称	质量要求	评分标准	扣 分
评分标准	4	信号处理			
	4.1	信号比较	用接收器检测所有同型号电缆,进行信号比较	3	比较不出区别扣1分;不进行比较扣2分
	4.2	精确鉴别和判断	根据仪器本身特点(如HD601识别仪用卡钳表检测时,被识电缆表头指示比其他电缆上测量时,指针摇动幅度大许多),进行在较长的路径上检测,判断	2	不会识别扣1分;判断不正确扣1分
	5	电缆裁截			
	5.1	电缆的裁截	将已识别出的电缆作好记号,并把它放在比较好操作的位置上,并将信号源撤去,操作时,戴好绝缘手套,并站在绝缘垫上,用带木柄的榔头,将带地线的铁钉打进缆芯(铁钉用铁钉套套在电缆上,不用人扶),确信被检电缆无电压后方可进行剪切	10	未对已鉴别的电缆做记号扣1分;未按质量要求做,每处扣1.5分
	5.2	封端处理	将被锯断电缆进行封端处理	1	未进行封端扣1分

行业：电力工程　　　　　工种：电力电缆　　　　　等级：中/高

序　号	C43A021	行为领域	e	鉴定范围	3
考核时限	40min	题　型	A	题　分	20
试题正文	用铅焊补漏法修理充油电缆漏油点的操作				
其他需要说明的问题和要求	1. 本操作需在电缆停电条件下进行，也可用有一定油压的铅（铝）管代替电缆 2. 不考虑失油现象				
工具、材料、设备、场地	1. 喷灯、封铅、扩铅布、硬脂酸 2. 电工刀、组合螺丝刀、钢丝钳、钢锯 3. 棉纱头、电缆油				

	序号	项目名称	质量要求	评分标准	扣　分
评 分 标 准	1	油压控制	将电缆内油压调至允许的最低位	1	未进行调压扣1分
	2	清洗漏油点近旁的铅包	剥去电缆漏油点的铠装层、外护层、铜带防水层，暴露出漏油点，用棉纱蘸电缆油把铅层表面擦净	3	操作不符合要求扣1～3分
	3	附加铅皮的皮处理	按照铅层上漏油裂口的大小，截取适当尺寸的铅皮，作补漏用，并在其上钻个小孔，将其包在漏油处的一截电缆上，补漏时小孔应位于下方，以便电缆油能从此孔中溢出	5	未钻小孔扣1分；附加铅皮没能将漏油点全部包住扣2分；小孔不足朝下扣1分
	4	扩铅	使附加铅皮与电缆本身铅包紧密封在一起，焊毕，用小螺丝旋入排油用小孔，堵住油流，再在外面将此处封焊	6	封不光滑牢固扣3分；封时间超过20min扣2分
	5	调整油压	铅封毕待冷却后，对电缆补油，升高油压至0.29～3kgf/cm^3，维持1h（不计在考证时间内），无渗油，调整油压到正常值	2	不符合要求扣2分
	6	重新恢复各结构层	重新恢复防水层，加固铜带层、外护层、铠装层，分别扎紧焊牢	3	绕包不平整扣1分；有一层未扎紧焊牢扣1分
	7	时间		1	每超过规定时间2min扣1分

262

行业：电力工程　　　　工种：电力电缆　　　　等级：中/高

序　号	C43A022	行为领域	e	鉴定范围	1
考核时限	60min	题　型	A	题　分	20

试题正文	电缆正序阻抗的测量
其他需要说明的问题和要求	1. 操作需有人监护，且可有一人帮助读表 2. 试验接线见图 CA-12
工具、材料、设备、场地	1. 抽头式降压变压器（或其他档调式变压器） 2. 电流表、电流互感器、电压转换开关、功率表 3. 绝缘垫、试验用导线（粗、细、长、短各准备一些）

评分标准	序号	项目名称	质量要求	评分标准	扣　分
	1	接电源	380V 电源，因所需电源容量较大，故接线所用导线截面不能太小	1	电源接触不好或熔断器闸刀不匹配扣 1 分
	2	试验接和仪表选择			
	2.1	容量选择	变压器容量根据电缆长短而定（一般 5kVA 以上）	0.5	容量选择不当扣 0.5 分
	2.2	确定跨线	另一端跨接线要短而粗	0.5	跨线过长或过细扣 1 分
	2.3	跨线接触	跨线接触良好	1	接触不好扣 1 分
	2.4	表计量程选择	表计量程选择准确	1	选择不当扣 1 分
	2.5	极性	与互感器一、二次极性及功率表极性符合	1	极性不符扣 1 分
	2.6	试验接线	试验接线正确	1	试验接线不对扣 1 分
	3	安全措施	试验场地应装设安全围栏，在现场还应按《安规》规定做好其他安全措施，送电前应通知在场的其他人	5	无监护人扣 1 分；未安遮栏扣 1 分；未通知他人扣 2 分
	4	操作	操作应熟练，同时电流控制在 70～80A 较合适	4	操作不熟练扣 2 分；未能同时读表扣 1 分；不控制电流扣 1 分
	5	计算	计算正序阻抗和交流电阻	5	计算不正确扣 5 分

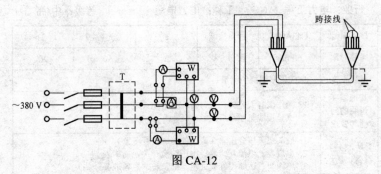

图 CA-12

T—抽头式的降压变压器具；A—电流表；V—电压表；W—功率表

行业：电力工程　　　　工种：电力电缆　　　　等级：高/技师

序 号	C32A023	行为领域	e	鉴定范围	2
考核时限	60min	题 型	A	题 分	20
试题正文	SLY-240 型手动油压钳的组装操作				
其他需要说明的问题和要求	1. 组装其他型号油压钳亦可 2. 该油压钳结构如图 CA-13（可公示给被考人员看）				
工具、材料、设备、场地	1. 组装 SLY-240 型手动油压钳的所有零件 2. 扳手、钢丝钳组合螺丝刀 3. 液压油				

评分标准	序号	项目名称	质量要求	评分标准	扣 分
	1	手动压接钳装配	装配正确，无遗漏零件，组装后能进行压接	19	少装一个零件扣 1 分；不能压接扣 3 分；行程不够扣 1 分
	2	时间		1	每超过 3min 扣 1 分

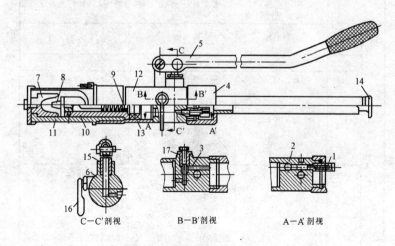

图 CA-13

1—进油阀；2—出油阀；3—回油阀；4—贮油罐；5—手柄；6—柱塞；
7—阴模；8—阳模；9—压力弹簧；10—活塞；11—滑套；12—油缸；
13—皮碗；14—盖帽；15—螺帽；16—扳手；17—回油阀

4.2.2 多项操作

行业：电力工程   工种：电力电缆   等级：初/中

序　号	C54B024	行为领域	f	鉴定范围	2
考核时限	90min	题　型	B	题　分	30
试题正文	10kV-XLPE电缆热缩户外终端头安装并吊装就位的操作				
其他需要说明的问题和要求	1. 本工作可有二人辅助实施，但不得有提示性行为 2. 为了免除对环境因素的考虑，一般宜在户内进行 3. 导体截面与材质不限，但被考评者应根据不同型号电缆选择附件、工具和相关材料 4. 电缆型号和相位事先告之 5. 施工尺寸见附件供应商提供的图纸 6. 安装高度不低于5m				
工具、材料、设备、场地	1. 压接工具（最好配两套，由操作者选择） 2. 钢锯或其他剪切工具 3. 端子（铜端子、铝端子、铜铝端子各准备一些） 4. 橡塑电缆剥、切、削的专用工具 5. 烙铁 6. 电缆附件（终端头，最好配三套不同规格的终端，由操作人员选择） 7. 喷灯或燃气喷枪				

	序号	项目名称	质量要求	评分标准	扣　分
评分标准	1	准备工作			
	1.1	工具、材料的选择	正确选用工具（如压接钳）、附件（终端）和材料（端子）	1.5	选择错误扣0.5分
	1.2	支撑、校直、外护套擦拭	为了便于操作，选好位置，将要进行施工的部分支架好，同时校直，擦去外护套上的污迹	1.5	一项工作未做扣0.5分
	1.3	将电缆断切面锯平	如果电缆三相线芯锯口不在同一平面上或导体切面凹凸不平应锯平	0.5	未按要求做扣0.5分
	1.4	校对施工尺寸	根据附件供应商提供的图纸，确定施工尺寸	2.5	一处尺寸与图纸不符扣0.5分，扣完为止
	2	终端制作			
	2.1	操作程序控制	操作程序应按上述图纸进行	3	程序错误扣0.5分；遗漏工序扣1分，扣完为止

	序号	项目名称	质量要求	评分标准	扣 分
评分标准	2.2	剥除外护层、铠装、内护层、内衬、铜屏蔽及外半导电层等	剥切时切口不平,金属切口有毛刺或伤及其下一层结构,应视为缺陷;绝缘表面干净、光滑、无残质,均匀涂上硅脂	3	一项未达要求扣0.5分
	2.3	绑扎和焊接	绑扎铠装及接地线,固定铜蔽屏要平整,不能松带,焊点应平滑、牢固,焊接点厚度不大于4mm	2.5	一处未达要求扣0.5分
	2.4	包绕填充胶和热缩三指手套应力管和绝缘管	填充胶包绕应成形(橄榄状或苹果状),三指手套、应力管、绝缘管套人皆应到位,收缩紧密,管外表无灼伤痕迹,三指手套由根部向两端加热,绝缘管由三叉根部向上加热	3	一处未达要求扣0.5分
	2.5	剥削绝缘和导体压接端子	剥去绝缘处应削成铅笔状,压接端子既不可过渡亦不能不紧,以阴阳模接触为宜,压接后端子表面应打磨光滑	2	一处未达要求扣0.5分
	2.6	固定相色密封管	所告之的与相位相符	0.5	未包相色或相色不正确扣0.5分
	2.7	固定防雨裙	将三孔防雨裙和单孔防雨裙套进电缆芯线,并热缩固定	1	收缩不均匀扣1分
	3	电缆竖直吊装			
	3.1	安全用具	高空作业应戴安全帽,上杆作业应有登杆工具,系安全带,并备有必要的个人工具,所用绳索应经检验合格方能使用	3	一项与要求不符扣1分
	3.2	夹具安装	抱箍、电缆夹具安装应牢固,上下夹具对齐	1	不符要求扣1分
	3.3	电缆吊装	绳扣要牢固,且易解,吊点要合适,不影响终端固定,滑轮安装位置正确	3	吊装不到位扣1分;不符要求扣1分
	4	接地线连接	将电缆终端的接地线与接地装置引出的铜接地线连接,接地引下线截面不小于25mm²,不允许用缠绕方式接地	2	不合要求扣1分
	5	时间		1	每超过5min扣1分

行业：电力工程　　　　工种：电力电缆　　　　等级：初/中

序　号	C54B025	行为领域	f	鉴定范围	1
考核时限	90min	题　型	B	题　分	30
试题正文	10kV-XLPE 电缆冷缩户外终端头安装并吊装的操作				
其他需要说明的问题和要求	1. 本工作可有一人辅助实施，但不得有提示性行为 2. 为了免除对环境因素的考虑，一般宜在户内进行 3. 导体截面与材质不限，但被考评者应根据不同型号电缆选择附件、工具和相关材料 4. 电缆型号和相位事先告之 5. 施工尺寸见附件供应商提供的图纸 6. 冷缩操作只做一相 7. 安装高度不低于 5m				
工具、材料、设备、场地	1. 压接工具（最好配两套，由操作者选择） 2. 钢锯或其他剪切工具 3. 端子（铜端子、铝端子、铜铝端子各准备一些） 4. 橡塑电缆剥、切、削的专用工具 5. 电缆附件（终端头，最好配三套不同规格的终端，由操作人员选择）				

	序号	项目名称	质量要求	评分标准	扣　分
评分标准	1	准备工作			
	1.1	工具、材料的选择	正确选用工具（如压接钳）、附件（终端）和材料（端子）	1.5	选择错误扣0.5 分
	1.2	支撑、校直、外护套擦拭	为了便于操作，选好位置，将要进行施工的部分支架好，同时校直，擦去外护套上的污迹	1.5	一项工作未做扣0.5 分
	1.3	将电缆断切面锯平	导体切面凹凸不平应锯平	0.5	未按要求做扣0.5 分
	1.4	校对施工尺寸	根据附件供应商提供的图纸，确定施工尺寸	2.5	一处尺寸与图纸不符扣0.5 分，扣完为止
	2	终端制作			
	2.1	操作程序控制	操作程序应按上述图纸进行	3	程序错误扣0.5分；遗漏工序扣1分，扣完为止
	2.2	剥除外护层、铠装、内护层、内衬、铜屏蔽及外半导电层等	剥切时切口不平，金属切口有毛刺或伤及其下一层结构，应视为缺陷；绝缘表面干净、光滑、无残质，均匀涂上硅脂	3	一项未达要求扣0.5 分

268

	序号	项目名称	质量要求	评分标准	扣　分
评分标准	2.3	安装接地铜环，并将接地铜带引下	接地铜环上应包绕PVC带，接地引下应贴在自粘带上，并再包自粘带	2.5	未按要求做扣1分
	2.4	半导电带的绕包	在铜屏蔽和绝缘交接处用半导电带半搭盖方式，紧密绕包，且起始与终点都在铜带上，做好终端安装基准标志	1.5	未按要求做扣0.5分
	2.5	冷缩首套和直管	清洁绝缘表面，并将少许硅脂首套应置于三叉根部逆时针抽芯绳，使其收缩，先缩颈部后缩三叉首套和直管应有搭盖	3	未按要求，每项扣0.5分
	2.6	剥削绝缘和导体压接端子	剥去绝缘切口要平，压接端子应牢固可靠，压接后端子表面应打磨光滑，端子内壁应涂少量导电胶	2	未按要求做扣0.5分
	2.7	端部密封	将绝缘端部与端之间的空隙密封并成锥形	0.5	未按要求做扣0.5分
	3	电缆竖直吊装			
	3.1	安全用具	高空作业应戴安全帽，上杆作业应有登杆工具，系安全带，并备有必要的个人工具，所用绳索应经检验合格方能使用	4	一项与要求不符扣1分
	3.2	夹具安装	电缆夹具安装应牢固，由下夹具对齐	1	不符要求扣1分
	3.3	电缆吊装	绳扣要牢固，且易解，吊点要合适，不影响终端固定，滑轮安装位置正确	3	吊装不到位扣1分；不符要求扣1分
	4	接地线连接	将电缆终端的接地线与接地装置引出的铜接地线连接，接地引下线截面不小于25mm²，不允许用缠绕方式接地	2	不合要求扣1分
	5	时间		1	每超过5min扣1分

行业：电力工程　　　　工种：电力电缆　　　　等级：初/中

序　　号	C54B026	行为领域	e/f	鉴定范围	2/1
考核时限	75min	题　型	B	题　分	30
试题正文	10kV 交联电缆硅橡胶预制式户外终端头安装并吊装操作				
其他需要说明的问题和要求	1. 本工作可有一人辅助实施，但不得有提示性行为 2. 为了免除对环境因素的考虑，一般宜在户内进行 3. 导体截面与材质不限，但考考评者应根据不同型号电缆选择附件、工具和相关材料 4. 电缆型号和相位事先告之 5. 施工尺寸见附件供应商提供的图纸 6. 应力锥操作只做一相 7. 安装高度不低于 5m				
工具、材料、设备、场地	1. 压接工具（最好配两套，由操作者选择） 2. 钢锯或其他剪切工具 3. 端子（铜端子、铝端子、铜铝端子各准备一些） 4. 橡塑电缆剥、切、削的专用工具 5. 烙铁 6. 电缆附件（终端头，最好配三套不同规格的终端，由操作人员选择） 7. 喷灯或燃气喷枪				

<table>
<tr><th colspan="2"></th><th>序号</th><th>项目名称</th><th>质量要求</th><th>评分标准</th><th>扣　分</th></tr>
<tr><td rowspan="12">评

分

标

准</td><td></td><td>1</td><td>准备工作</td><td></td><td></td><td></td></tr>
<tr><td></td><td>1.1</td><td>工具、材料的选择</td><td>正确选用工具（如压接钳）、附件（终端）和材料（端子）</td><td>1.5</td><td>选择错误扣0.5 分</td></tr>
<tr><td></td><td>1.2</td><td>支撑、校直、外护套擦拭</td><td>为了便于操作，选好位置，将要进行施工的部分支架好，同时校直，擦去外护套上的污迹</td><td>1.5</td><td>一项工作未做扣0.5 分</td></tr>
<tr><td></td><td>1.3</td><td>将电缆断切面锯平</td><td>如果电缆三相线芯锯口不在同一平面上或导体切面凹凸不平应锯平</td><td>0.5</td><td>未按要求做扣0.5 分</td></tr>
<tr><td></td><td>1.4</td><td>校对施工尺寸</td><td>根据附件供应商提供的图纸，确定施工尺寸</td><td>2.5</td><td>一处尺寸与图纸不符扣0.5 分，扣完为止</td></tr>
<tr><td></td><td>2</td><td>终端制作</td><td></td><td></td><td></td></tr>
<tr><td></td><td>2.1</td><td>操作程序控制</td><td>操作程序应按上述图纸进行</td><td>3</td><td>程序错误扣0.5 分；遗漏工序扣 1 分，扣完为止</td></tr>
</table>

270

	序号	项目名称	质量要求	评分标准	扣分
评分标准	2.2	剥除外护层、铠装、内护层、内衬、铜屏蔽及外半导电层等	剥切时切口不平，金属切口有毛刺或伤及其下一层结构，应视为缺陷；绝缘表面干净、光滑、无残质，均匀涂上硅脂	2.5	一项未达要求扣0.5分
	2.3	绑扎和焊接	绑扎铠装及接地线，固定铜蔽屏要平整，不能松带，焊点应平滑、牢固，焊接点厚度不大于4mm	2	一处未达要求扣0.5分
	2.4	包绕填充胶和热缩三指手套应力管和绝缘管	填充胶包绕应成形（橄榄状或苹果状），三指手套、应力管、绝缘管套入皆应到位，收缩紧密，管外表无灼伤痕迹，三指手套由根部向两端加热，绝缘管由三叉根部向上加热	2	一处未达要求扣0.5分
	2.5	剥削绝缘和导体压接端子	不需成形，剥去绝缘，切口要平	1.5	一处未达要求扣0.5分
	2.6	绕包半导体带做好安装记号	用半导体带将铜屏蔽口包住，并向下覆盖热缩管，在热缩卜用自粘带做好应力锥安装记号	1	未达要求扣1分
	2.7	安装应力锥	将硅脂涂在绝缘表面和应力锥内，把应力锥套进电缆并把其推至所做的记号处，端子外包两层硅橡胶带	2	应力锥不到位扣1分，其他不符合要求扣0.5分
	3	电缆竖直吊装			
	3.1	安全用具	高空作业应戴安全帽，上杆作业应有登杆工具，系安全带，并备有必要的个人工具，所用绳索应经检验合格方能使用	4	一项与要求不符扣1分
	3.2	夹具安装	抱箍、电缆夹具安装应牢固，上下夹具结齐	1	不符要求扣1分
	3.3	电缆吊装	绳扣要牢固，且易解，吊点要合适，不影响终端固定，滑轮安装位置正确	3	吊装不到位扣1分；不符要求扣1分
	4	接地线连接	将电缆终端的接地线与接地装置引出的铜接地线连接，接地引下线截面不小于25mm^2，不允许用缠绕方式接地	2	不合要求扣1分
	5	时间		1	每超过5min扣1分

行业：电力工程　　　　　工种：电力电缆　　　　　等级：初/中

序　　号	C54B027	行为领域	e	鉴定范围	2
考核时限	210min	题　型	A	题　分	30
试题正文	10kV-XLPE 电缆热缩中间接头安装（三相）及试验				
其他需要说明的问题和要求	1. 本工作可有一人辅助实施，但不得有提示性行为 2. 为了免除对环境因素的考虑，一般宜在户内进行 3. 导体截面与材质不限，但要求被考评者应根据不同型号电缆选择附件、工具和相关材料 4. 电缆型号和相位事先告之 5. 施工尺寸见附件供应商提供的图纸				
工具、材料、设备、场地	1. 压接工具（最好配两套，由操作者选择） 2. 钢锯或其他剪切工具 3. 连接管（铜接管、铝接管、铜铝接管各准备一些） 4. 橡塑电缆剥、切、削的专用工具 5. 烙铁 6. 电缆附件（中间接头，最好配三套不同规格的接头，由操作人员选择） 7. 喷灯或燃气喷枪				

	序号	项目名称	质量要求	评分标准	扣　分
评分标准	1	准备工作			
	1.1	工具、材料的选择	正确选用工具（如压接钳）、附件（终端）	1	选择错误扣0.5分
	1.2	支撑、校直、外护套擦拭	为了便于操作，选好位置，将要进行施工的部分支架好，同时校直，擦去外护套上的污迹，将外护套套管套在电缆上和铜屏蔽网套	1.5	一项工作未做扣0.5分
	1.3	确定中间对接点，将电缆断切面锯平	导体切面凹凸不平应锯平，对准对接中心点和长、短头	1	未按要求做扣0.5分
	1.4	校对施工尺寸	根据附件供应商提供的图纸，确定施工尺寸	2.5	一处尺寸与图纸不符扣0.5分，扣完为止
	2	终端制作			
	2.1	操作程序控制	操作程序应按上述图纸进行	2.5	程序错误扣0.5分；遗漏工序扣1分，扣完为止

272

	序号	项目名称	质量要求	评分标准	扣 分
评分标准	2.2	剥除外护层、铠装、内护层、内衬、铜屏蔽及外半导电层等	剥切时切口不平，金属切口有毛刺或伤及其下一层结构，应视为缺陷；绝缘表面干净、光滑、无残质，均匀涂上硅脂	2.5	一项未达要求扣0.5分
	2.3	绑扎和焊接及屏蔽连接	绑扎铠装及接地线，固定铜蔽屏要平整，不能松带，焊点应平滑、牢固，铜网拉半，连接牢固	2	一处未达要求扣0.5分
	2.4	按先内后外次序热缩套管，依次套入各种不同用途的热缩管	收缩紧密，管外表无灼伤痕迹，所有套管热缩应到位，接管上应绕半导体自粘带和填充带，热缩前绝缘表面应用清洁帕单方向清洁，待压接后热缩之	4	一处未达要求扣0.5分
	2.5	剥削绝缘和压接连接管	剥去绝缘倒45°压接接管，压接从接管两端口开始，压数不得少于4点，压接后接管表面应打磨光滑	2	一处未达要求扣0.5分
	2.6	套外护套	外护套应热缩均匀，两端皆应绕密封带，加强防潮能力	1	未达要求扣1分
	3	安装后试验			
	3.1	绝缘摇测	符合绝缘摇测的规定	3	转速不符要求扣1分，未按规定放电扣1分
	3.2	直流试验	符合直流耐压和泄漏电流检测的规定	7	接线不正确扣2分；升压掌握不好扣1分，判断不正确扣2分
	4	时间		1	每超过5min扣1分

行业：电力工程　　　　工种：电力电缆　　　　等级：中/高

序　　号	C43B028	行为领域	e	鉴定范围	2
考核时限	210min	题　　型	A	题　　分	30
试题正文	10kV-XLPE 硅橡胶反面预制式电缆中间接头（三相）安装及试验				
其他需要说明的问题和要求	1. 本工作可有一人辅助实施，但不得有提示性行为 2. 为了免除对环境因素的考虑，一般宜在户内进行 3. 导体截面与材质不限，但被考评者应根据不同型号电缆选择附件、工具和相关材料 4. 电缆型号和相位事先告之 5. 施工尺寸见附件供应商提供的图纸 6.三个只一相预制头，其他两相用其他附件代替				
工具、材料、设备、场地	1. 压接工具（最好配两套，由操作者选择） 2. 钢锯或其他剪切工具 3. 连接管（铜连接管、铝连接管、铜铝连接管及不同截面的） 4. 橡塑电缆剥、切、削的专用工具 5. 烙铁 6. 电缆附件（接头，最好配三套不同规格的中间接头，由操作人员选择） 7. 喷灯或燃气喷枪				

	序号	项目名称	质量要求	评分标准	扣　分
评 分 标 准	1	准备工作			
	1.1	工具、材料的选择	正确选用工具（如压接钳）附件（终端）	1	选择错误扣0.5分
	1.2	支撑、校直、外护套擦拭	为了便于操作，选好位置，将要进行施工的部分支架好，同时校直，擦去外护套上的污迹，将外护套套管套在电缆上和铜屏蔽网套	1.5	一项工作未做扣0.5分
	1.3	确定中间对接点，将电缆断切面锯平	导体切面凹凸不平应锯平，确对接中心点和长、短头	1	未按要求做扣0.5分
	1.4	校对施工尺寸	根据附件供应商提供的图纸，确定施工尺寸	2.5	一处尺寸与图纸不符扣0.5分，扣完为止
	2	终端制作			

274

序号	项目名称	质量要求	评分标准	扣 分
2.1	操作程序控制	操作程序应按上述图纸进行	2	程序错误扣0.5分；遗漏工序扣1分，扣完为止
2.2	剥除外护层、铠装、内护层、内衬、铜屏蔽及外半导电层等	剥切时切口不平，金属切口有毛刺或伤及其下一层结构，应视为缺陷；绝缘表面干净、光滑、无残质，均匀涂上硅脂，在接头内部、绝缘表面半导电层上均匀涂上硅油	3	一项未达要求扣0.5分
2.3	绑扎和焊接及屏蔽连接	绑扎铠装及接地线，固定铜屏要平整，不能松带，焊点应平滑、牢固，铜网及铜编织带应扎紧焊牢	2.5	一处未达要求扣0.5分
2.4	推入预制式接头和套上不同用途套管，待压接后将其分别复位	将中间接头推入剥切较长的电缆上；待压接好并清洗后用包带做好记号，然后非中间接头拉到做记号处，擦去多余硅脂，用手拧动接头；在接头体缠绕半导电带应均匀	3.5	一处未达要求扣0.5分
2.5	剥削绝缘和导体压接接管	剥去绝缘并倒45°，并使绝缘层与半导电层光滑过渡	2	未达要求扣2分
3	安装后试验			
3.1	绝缘摇测	符合绝缘摇测的规定	3	转速不符要求扣1分，未按放电扣1分
3.2	直流试验	符合直流耐压和泄漏电流检测的规定	7	安全注意不够扣2分；接线不正确扣2分；升压掌握不好扣1分；判断不正确扣2分
4	时间		1	每超过5min扣1分

（评分标准）

行业：电力工程　　　　工种：电力电缆　　　　等级：中/高

序　号	C43B029	行为领域	e	鉴定范围	1
考核时限	120min	题　型	B	题　分	30
试题正文	10kV-XLPE 冷缩电缆中间接头（单相）安装及试验				

其他需要说明的问题和要求	1. 本工作可有一人辅助实施，但不得有提示性行为 2. 为了免除对环境因素的考虑，一般宜在户内进行 3. 导体截面与材质不限，但被考评者应根据不同型号电缆选择附件、工具和相关材料 4. 电缆型号和相位事先告之 5. 施工尺寸见附件供应商提供的图纸
工具、材料、设备、场地	1. 压接工具（最好配两套，由操作者选择） 2. 钢锯或其他剪切工具 3. 连接管（铜连接管、铝连接管、不同截面各准备一些） 4. 橡塑电缆剥、切、削的专用工具 5. 电缆附件（中间接头，最好配三套不同规格的接头，由操作人员选择）

	序号	项目名称	质量要求	评分标准	扣　分
评分标准	1	准备工作			
	1.1	工具、材料的选择	正确选用工具（如压接钳）、附件（终端）和材料（端子）	1	选择错误扣 0.5 分
	1.2	支撑、校直、外护套擦拭	为了便于操作，选好位置，将要进行施工的部分支架好，同时校直，擦去外护套上的污迹，分别套入预张式中间接头和铜屏蔽网套	2	一项工作未做扣 0.5 分
	1.3	将电缆断切面锯平	如果电缆三相线芯锯口不在同一平面上或导体切面凹凸不平应锯平	1	未按要求做扣 0.5 分
	1.4	校对施工尺寸	根据附件供应商提供的图纸，确定施工尺寸	2.5	一处尺寸与图纸不符扣 0.5 分，扣完为止
	2	终端制作			
	2.1	操作程序控制	操作程序应按上述图纸进行	2.5	程序错误扣 0.5分，遗漏工序扣 1分，扣完为止

	序号	项目名称	质量要求	评分标准	扣　分
评分标准	2.2	剥除外护层、铠装、内护层、内衬、铜屏蔽及外半导电层等	剥切时切口不平,金属切口有毛刺或伤及其下一层结构,应视为缺陷;绝缘表面干净、光滑、无残质,均匀涂上硅脂	3	一项未达要求扣0.5分
	2.3	在铜屏蔽至主绝缘上绕包胶带	绕包胶带要均匀,拉伸为厚长的30%	0.5	一处未达要求扣0.5分
	2.4	定位和收缩中间头	定位须正确,在半导体尾端,主绝缘上涂胶时应带塑料手套,抽芯绳应逆时针	3	冷缩不到位扣1分,其他扣0.5分
	2.5	剥削绝缘和导体压接接管	剥去绝缘处应削成铅笔状,压接接管应牢固可靠,压后接管表面应打磨光滑	1.5	一处未达要求扣0.5分
	2.6	安装铜屏蔽网套	用于自力弹簧,将网套固定在铜屏蔽带上,用色带绕于其上	1.5	未达要求扣1.5分
	2.7	作防水保护	整个接头半重叠绕上防水带	1	未达要求扣1分
	2.8	安装甲带	外部半重叠缠绕作机械保护用的装甲带	0.5	未达要求扣0.5分
	3	安装后试验			
	3.1	绝缘摇测	符合绝缘摇测的规定	3	转速不符要求,扣1分;未按规定放电扣2分
	3.2	直流试验	符合直流耐压和泄漏电流检测的规定	7	安全注意不够扣2分;接线不正确扣2分;升压掌握不好扣1分,判断不正确扣2分
	4	时间		1	每超过5min扣1分

行业：电力工程　　　　工种：电力电缆　　　　等级：中/高

序　号	C43B030	行为领域	e	鉴定范围	2
考核时限	120min	题　型	B	题　分	30
试题正文	电缆路径及埋设深度探测，绘出直向图和单相埋设深度断面图				
其他需要说明的问题和要求	1. 路径探测不少于200m，且应至少两个弯道 2. 深度探测不少于3个点 3. 用音频信号或脉冲磁场法皆可 4. 绘图不需按比例				
工具、材料、设备、场地	1. 只要能输出信号的设备均可，机型、方式不予限制 2. 现发射信号设备相对应的接收设备				

	序号	项目名称	质量要求	评分标准	扣　分
评分标准	1	接收和信号发射	接线正确（使用高压冲击脉冲设备还应注意安全）	1	不正确扣1分
	2	通信联络	工作前正确定通信联络方式	1	保持通信，尽量减少工作时间，通信不正常扣1分
	3	操作	操作正确	2	操作有误扣1分
	4	路径探测	路径探测正确	9	不正确扣每处3分
	5	深度探测	深度探测不正确	9	一处不正确扣3分
	6	绘图	绘图正确（平面走向图和断面图）	8	不能正确绘图扣1～5分

278

行业：电力工程　　　　　工种：电力电缆　　　　　等级：中/高

序　　号	C43B031	行为领域		e	鉴定范围	1
考核时限	60min	题　　型		B	题　　分	30
试题正文	用"冲闪"或"直闪"法测试10kV电缆高阻接地故障并精确定点					
其他需要说明的问题和要求	1. 选取一段长度不少于120m的已退役电缆 2. 或在仿真设备上进行 3. 三相中的一相有故障					
工具、材料、设备、场地	1. 直流高压设备一套；声测听棒或其他接收设备 2. 闪测仪一台 3. 电容器一台（最好选用电容2~4μF，容量30kvar以上，30kV电压的） 4. 球间隙一副 5. 安全遮栏 6. 兆欧表、万能表 7. 水阻					

	序号	项目名称	质量要求	评分标准	扣　　分
评分标准	1	故障性质的判断			
	1.1	连续性检查	测量电缆连续性，电阻法或脉冲法皆可	1	判断不正确扣1分
	1.2	直流试验	对电缆进行绝缘摇测，对电缆进行直流耐压，判断故障的击穿电压	6	试验前应做好安全措施，安全措施不全扣2.5分 接线不正确扣1分 操作不正确扣1分 放电不正确扣0.5分 摇测绝缘电阻不正确扣1分
	1.3	正确判断	正确判断哪一相有问题，该相电阻多少，是否断线，属哪种性质的高阻故障（闪络性的还是恒定性的）	3	有一方面未判断或判断不正确扣1分
	2	故障测试			
	2.1	接线	在高压回路中正确接入电容器、放电间隙、降压电阻和闪测仪	4	一处连接不正确扣1分
	2.2	测量	升压，观察波形，判断故障位置	5	放电电压、时间掌握不对扣1~10分，波形判断不正确扣10分，仪器操作不正确扣10分
	3	结束工作	撤除闪测仪，进行声测	1	不能精确定位扣10分
	4	时间	60min测出精确波形		每超过5min扣1分
	5	精确定点	120min在误差范围内定点	10	在2h内完不成扣10分

行业：电力工程　　　　工种：电力电缆　　　　等级：中/高

序　号	C43B032	行为领域	e	鉴定范围	2
考核时限	150min	题　型	B	题　分	30
试题正文	硅橡胶插入式T型插头插式电缆头安装（三相）				

其他需要说明的问题和要求	1. 本工作可有一人辅助实施，但不得有提示性行为 2. 为了免除对环境因素的考虑，一般宜在户内进行 3. 导体截面与材质不限，但被考评者应根据不同型号电缆选择附件、工具和相关材料 4. 电缆型号和相位事先告之 5. 施工尺寸见附件供应商提供的图纸 6. 只装配一相，不同厂家厂的产品在最后装配时会有不同，考评员可根据实际情况作适当修改
工具、材料、设备、场地	1. 压接工具（最好配两套，由操作者选择） 2. 钢锯或其他剪切工具 3. 橡塑电缆剥、切、削的专用工具 4. 烙铁 5. 电缆附件（热缩件和T型插入式终端） 6. 喷灯或燃气喷枪、环网柜或分支箱一台

	序号	项目名称	质量要求	评分标准	扣　分
评分标准	1	准备工作			
	1.1	工具、材料的选择	正确选用工具（如压接钳）	0.5	选择错误扣0.5分
	1.2	支撑、校直、外护套擦拭	为了便于操作，选好位置，将要进行施工的部分支架好，同时校直，擦去外护套上的污迹	1	一项工作未做扣0.5分
	1.3	将电缆断切面锯平	导体切面凹凸不平应锯平	0.5	未按要求做扣0.5分
	1.4	校对施工尺寸	根据附件供应商提供的图纸，确定施工尺寸	1.5	一处尺寸与图纸不符扣0.5分，扣完为止
	2	终端制作			
	2.1	操作程序控制	操作程序应按上述图纸进行	2	程序错误扣0.5分；遗漏工序扣1分，扣完为止

280

	序号	项目名称	质量要求	评分标准	扣　分
评分标准	2.2	剥除外护层、铠装、内护层、内衬、铜屏蔽及外半导电层等	剥切时切口不平,金属切口有毛刺或伤及其下一层结构,应视为缺陷;绝缘表面干净、光滑、无残质,均匀涂上硅脂	2	一项未达要求扣0.5分
	2.3	绑扎和焊接	绑扎铠装及接地线,固定铜蔽屏要平整,不能松带,焊点应平滑、牢固,焊接点厚度不大于4mm	1	一处未达要求扣0.5分
	2.4	包绕填充胶和热缩三指手套应力管和绝缘管	三指手套、应力管、绝缘管套入皆应到位,收缩紧密,管外表无灼伤痕迹,三指手套由根部向两端加热,绝缘管由三叉根部向上加热	1.5	一处未达要求扣0.5分
	2.5	导体压接	压接应平整,压接后端子表面应打磨光滑	1	一处未达要求扣0.5分
	2.6	绝缘表面外半导电层的处理应力锥安装	半导电层与绝缘表面过渡整齐光滑,然后在其上绕包半导电带,并覆盖热缩管上端,将硅脂均匀涂于绝缘表面和应力锥内,但不能涂在半导电层上,套上助握器,边转动边往缆上套应力锥	4	未达要求扣4分
	2.7	装配T型插头	用扳手将双头螺杆旋入插座,将压好端子应力锥的电缆推入T型套管,将T型头套入插座,旋上螺杆,套上端帽	4.5	未达要求扣4.5分
	2.8	接地连接	接地不能缠绕	0.5	未达要求扣0.5分
	3	时间			每超过5min扣1分

行业：电力工程 　　　　工种：电缆安装 　　　等级：中/高

编　　号	C05A033	行为领域	e	鉴定范围	4
考核时限	5min	题　　型	A	题　　分	100（20）
试题正文	凿子刃口的磨制				
其他需要 说明的问 题和要求	1. 要求独立操作 2. 操作时要戴护目镜 3. 注意安全用具 4. 计时自材料备齐、砂轮运转开始				
工具、材料、 设备、场地	1. 电动砂轮机 1 台、冷却用水 1 碗、检查凿刃角度的样板 1 块 2. 凿子毛坯 1 只，并已经淬火处理 3. 操作场地，照明充足，有足够的活动空间				

	序号	项目名称	质量要求	评分 标准	扣　　分
评 分 标 准	1	了解对凿刃角度 的要求	凿硬质材料时刃角 一般取 60°～70°，软 质材料刃角取 30°～ 50°，对于中硬度材料 刃角取 50°～60°	5	对硬度要求不 知道扣 5 分
	2	对凿刃在旋转砂 轮上的位置要求	凿刃应刃口朝上，放 在砂轮中心偏上位置	5	放错位置扣 5 分
	3	磨修过程要求	双手拿凿身，轻轻压 着，左右移动，刃磨过 程中要不断蘸水冷却， 以防退火，要求刃口平 直	5	操作方法不当 扣 5 分，操作不 熟练扣 3 分
	4	对安全的要求	操作人员应站在砂 轮侧面，必须戴护目镜	5	违反规程扣 5 分

行业：电力工程　　　　工种：电缆安装　　　等级：高/技师

编　号	C05A034	行为领域	e	鉴定范围	1
考核时限	40min	题　型	A	题　分	100（30）

试题正文	电桥法测电缆直流电阻

| 其他需要说明的问题和要求 | 1. 要求单人独立操作，施工平台演示，温度 20℃
2. 判别电缆直流电阻是否符合要求
3. 注意安全防止损坏仪器
4. 具体操作步骤可按各地习惯
5. 电桥法测电缆直流电阻原理接线图如图 CA-14 所示
6. 工器具准备齐后开始计时，超时 1min 扣 2 分

图 CA-14　原理接线 |

工具、材料、设备、场地	直流电桥、BV-1.5 软导线、剥线钳、电缆弯刀、剥削刀、不带电电缆一段

	序号	项目名称	质量要求	评分标准	扣　分
评分标准	1	说出并画出电桥法测量电缆直流电阻意义、原理、接线图及注意事项	测试意义说出两项以上，如：导电率、截面积、故障测寻等。原理清晰，应基本符合图 F-3 所示的原理接线	10	说不出测试意义扣 3 分，原理不正确扣 5 分
	2	工器具准备、检查	完整齐备	5	漏一项扣 1 分
	3	电缆剥切	切口齐整，长度适宜	5	一处不当扣 1 分
	4	根据所说，画出原理图，进行接线测试	接线正确，测试方法正确	10	接线不正确扣 4 分，测试不正确扣 5 分
	5	测试结果判断	判别是否合乎要求，铜芯≤0.0184Ω，铝芯≤0.031Ω		判别不合理扣 4 分

4.2.3　综合操作

行业：电力工程　　　　工种：电力电缆　　　　等级：中/高

序　　号	C43C035	行为领域	d	鉴定范围	2
考核时限	45min	题　　型	C	题　　分	50
试题正文	交叉互联加 Y 接法保护器接线与交叉互联保护器 Y0 接线和它们在单相短路时保护器上工频电压的比较				
其他需要说明的问题和要求	能在仿真机上进行最好，也可采取其他替代方式，见图 CC-1、图 CC-2				
工具、材料、设备、场地	三等分电缆、绝缘接头 6 个、保护器 6 个、连接线若干				

	序号	项目名称	质量要求	评分标准	扣　分
评分标准	1	绘图	绘出上述两种接线的接线图	15	绘图每错一处扣 1 分
	2	接线	符合图示	20	接线一处错误扣 1 分
	3	计算比较	Y0 接法时单相短路保护上工频电压 $U_{Y0}=IR+V_{A'A}$；Y 接法时单相短路保护器上工频电压 $U_{Y}=1/2$ $(U_{A'A}-U_{C'C})$，结论 U_{Y} $<U_{Y0}$，Y 接法优于 Y0 接法	15	计算公式错误扣 5 分，结论错误扣 10 分

284

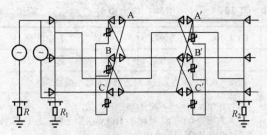

图 CC-1 交叉互联 Y 接法保护器的接线图

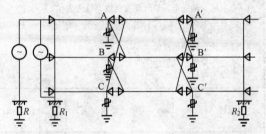

图 CC-2 交叉互联保护器 Y0 接线

行业：电力工程　　　　工种：电力电缆　　　　等级：中/高

序　号	C43C036	行为领域		e	鉴定范围	3
考核时限	3h	题　型		C	题　分	50

试题正文	指挥一次用机械方式在排管内敷设长线电缆的工作

其他需要说明的问题和要求	1. 该项工作可与生产同时进行 2. 本表所列行作出主要针对 110kV 及以上电压之电缆，如无合适机会，则可用 10kV 电缆进行 3. 考核时间只作参考

工具、材料、设备、场地	1. 牵引机、输送机、放线架（电缆）拉力表 2. 换好牵引器、钢丝绳、钢丝绳放线架、钢丝退扭器具 3. 通信设备 4. 地滑轮、转角地滑轮 5. 管道疏通棒，管口用喇叭口 6. 电源集控箱

	序号	项目名称	质量要求	评分标准	扣　分
评 分 标 准	1	敷设施工的准备			
	1.1	疏通管道	全线疏通管道，管道中不能有砂、石或其他障碍物	1	不符要求扣 1分
	1.2	人井抽水、排气	抽水、排气以保证人身和设备安全	1	不符要求扣 1分
	1.3	装施工器具	为输送机、牵引机、放线架、地滑轮等设备施工器具选好位置，并将电缆、钢丝绳盘支架好	8	一件设备位置选择不当扣 1分，线缆置放不稳扣 1 分，电缆施放方向不对称扣 1分
	1.4	接通电源	接通电源，一定无安全隐患	4	电源不通扣 1分，安全上有问题扣 3分
	1.5	校试通信设备	始终保持施工全过程通信联络	3	通信工具未准备好扣 2 分，不畅通扣 1分
	1.6	准备工具材料，检验设备运转情况	未进行敷设前应空试设备，是否便于控制（或集中控制），上表中所必在的工具不能少	4	一项未按"要求"进行扣 1分，工具材料每少一样扣 0.5分

286

	序号	项目名称	质量要求	评分标准	扣 分
评分标准	1.7	人员配置	所选监控设备人员是否足够和是否合适	2	人员安排有失责者每处扣1分
	1.8	制定相关的安全措施	防止事故发生的措施,在交通设备和人员等方面做到既不伤害他人,也不伤害施工人员	4	无安全措施或发生问题后不能很快采取措施扣2分
	2	电缆敷设			
	2.1	牵引头制作	牵引头制作应牢固、灵动	2	牵引头制作不好扣2分
	2.2	电缆弯曲半径	电缆弯曲半径应严格控制在规定范围内	6	一处弯曲半径超过规定扣2分
	2.3	对拉力和摩擦力的监控	应对电缆敷设全过程进行牵引监控	3	不能准确判断牵引力过大的原因扣3分
	2.4	防止外护层受损	如对管壁摩擦力太大,应即时查明原因,容易引起外护层受损的地方,应加以注意,并在通过该段时进行检查	6	发现一处超过1/2外护层厚度的伤痕扣2分
	2.5	电缆放线时应有制动措施	制动与通信联络要同时进行	4	无制动工具扣2分,制动控制不好扣2分
	3	敷设记录	敷设前应有记录	2	无记录扣2分

试卷样例

中级电力电缆知识要求试卷

一、选择题（每题 1 分，共 25 分）

下列每题都有四个答案，其中只有一个正确答案，将正确答案的题号填入括号内。

1. 电缆的电容有助于提高（　　）。

（A）电压；（B）功率；（C）功率因数；（D）传输容量。

2. 喷灯封铅时间不得超过（　　）min，严防铅包局部过热，损坏内部绝缘。

（A）10；（B）15；（C）20；（D）20。

3. 决定接地电阻的主要因素是（　　）。

（A）土壤温度；（B）土壤粗度；（C）土壤电阻率；（D）土壤水分。

4. 电缆接头的抗拉强度一般不得低于电缆强度的（　　），以抵御可能遭到的机械应力。

（A）100%；（B）80%；（C）70%；（D）50%。

5. 电缆线芯导体的连接无论采用哪种方法，其接触电阻都不应大于同长度电缆电阻值的（　　）倍。

（A）1.2；（B）2；（C）2.2；（D）2.5。

6. 电缆线路的中间接头采用焊锡接头时，其短路的温度为（　　）。

（A）120℃；（B）140℃；（C）150℃；（D）160℃。

7. 敷设电缆时在中端和中间头附近应留有（　　）m 的备用长度。

（A）0.3～0.5；（B）1～1.5；（C）2～3；（D）3～5。

8. 在一般情况下，当电缆根数少且敷设距离较长时宜采用（　　）法。

（A）直埋敷设；（B）电缆隧道埋设；（C）电缆沟敷设；（D）排管敷设。

9. 二次回路用电缆和导线芯截面不应小于（　　）mm^2。

（A）1；（B）1.5；（C）2.5；（D）4。

10. 电缆接地线长度应按实际情况决定，但最短不应小于（　　）mm 长。

（A）400；（B）500；（C）600；（D）800。

11. 一块电压表的基本误差是±0.9%，那么该表的准确度就是（　　）。

（A）0.1 级；（B）0.2 级；（C）0.9；（D）1.0。

12. 从电缆沟道引至电杆或外敷设的电缆，距地面（　　）高及埋入地下 0.25m 深处的一段需加以穿管保护。

（A）1m；（B）1.5m；（C）2m；（D）2.5m。

13. 8.7/10kV 交联聚乙烯（XLPE）绝缘电缆其绝缘厚度为（　　）mm。

（A）3.4；（B）4.5；（C）6；（D）9.3。

14. 充油电缆敷设环境温度不宜低于（　　）℃。

（A）−15；（B）−10；（C）0；（D）4。

15. 在相同条件下，同样截面的铜芯电缆载流量约为铝芯的（　　）倍。

（A）3；（B）2.5；（C）1.8；（D）1.3。

16. 电力电缆与热力管道接近和交叉时最小允许净距分别为（　　）。

（A）2m，0.5m；（B）1.5m，0.5m；（C）2m，1m；（D）1.5m，1m。

17. 电缆隧道中 10kV 电缆架各层间垂直净距为（　　）mm。

（A）150；（B）200；（C）250；（D）50。

18. 从铠装电缆铅包流入土壤内的杂散电流密度不应大于（　　）μA/cm²。

（A）1；（B）1.5；（C）2；（D）2.5。

19. 在复杂的电路中，计算某一支路电流用（　　）方法比较简便。

（A）支路电流法；（B）叠加原理；（C）等效电源原理；（D）线性电路原理。

20. 叠加原理可用于线性电路计算，并可算出（　　）。

（A）电流值与电压值；（B）阻抗值；（C）功率值，电阻值。

21. 向量（或矢量）是指（　　）。

（A）固定周期；（B）空间方向；（C）交变频率；（D）数的量值大小。

22. 纯电阻元件的电流与电阻两端的电压成（　　）比，而与电阻值成（　　）比。

（A）正，反；（B）反，正；（C）正，正；（D）反，反。

23. 在纯电容单相交流电路中，电压（　　）电流。

（A）超前；（B）滞后；（C）既不超前也不滞后；（D）以上答案均不对。

24. 电气设备分高压设备和低压设备两种，即对地电压在（　　）V以上者为高压设备；对地电压在（　　）V以下者为低压设备。

（A）220，220；（B）380，380；（C）250，250；（D）500，500。

25. 安规规定在 10kV、110kV 电压等级下，人身与带电体的安全距离分别为（　　）m。

（A）0.6，1.2；（B）0.4，1.2；（C）0.6，1.0；（D）0.4，1.0。

二、判断题（每题 1 分，共 25 分）

判断下列描述是否正确，对的在括号内打"√"，错的在括号内打"×"。

1. 最大值相等、频率相同、相位差120°的三相电动势是对称的三相交流电动势。　　　　　　　　　　　（　　）

2. $t=90°$ 时的相位叫初相位。　　　　　　　　（　　）

3. 对称三相电路中有功功率 $P=\sqrt{3}\,UI\cos\varphi$，其中 U 是线电压，I 是线电流，φ 是电压与电流之间的相位差。（　　）

4. 在 R、L、C 串联电路中，当 $X_C=X_L$ 时，电路中的电流和总电压相位不同，电路中就产生了谐振现象。（　　）

5. 交流电完成一个循环所用的时间，叫交流电的频率。

（　　）

6. 电缆敷设前，一般测量其绝缘电阻，3kV 以上的电力电缆使用 5000 兆欧表，1kV 以下者使用 1000V 兆欧表。（　　）

7. 直埋敷设的电力电缆的埋深度不得小于 700mm，电缆的上下应各填不少于 100mm 的细砂。　　　　（　　）

8. 1000V 电压的 VV29 电缆最低敷设温度为零度（0℃），最小弯曲半径为电缆外径的 8 倍。　　　　（　　）

9. 电缆线路一般的薄弱环节在电缆接头和终端头处。

（　　）

10. 检查电缆的方法有两种，一是外观检查，二是试验方法。　　　　　　　　　　　　　　　　　　（　　）

11. 电晕放电就是不完全的火花放电。　　　　　（　　）

12. 制作电力电缆头时从开始剖铅到封闭严密，必须连续一次完成，以免受潮。　　　　　　　　　　　（　　）

13. 一般电缆接地线的截面应采用不小于 6mm^2 的裸铜软绞线。　　　　　　　　　　　　　　　　　　（　　）

14. 在下列地点，电缆应挂标志牌：电缆两端，改变电缆方向的转弯处，电缆竖井，电缆中间接头处。（　　）

15. 电缆在下列地点用夹具固定：水平敷设直线段的两端，垂直敷设的所有支持点，电缆转角处弯头两侧，电缆终端头颈部中间接线盒两侧支持点。　　　　　　　　（　　）

16. 控制电缆交直流回路不能共用同一根电缆。（　　）

17. 喷灯火焰不得垂直烘烤铅包和电缆头。（　　）

18. 电缆保护管应用钢锯下料或用气焊切割，管口应胀成喇叭口形。（　　）

19. 手动油压钳使用时应由一人进行压接，以免超出允许压力。（　　）

20. 缆芯导体与架空线的连接，电缆线芯必须成倒"U"字型，以防止水分进入电缆线芯。（　　）

21. 敷设电缆时，接头处的搭接长度一般为 1m 左右。（　　）

22. 110kV 充油电缆大修后，直流试验电压为 110kV，试验时间是 15min。（　　）

23. 测量绝缘电阻是检查电缆线路绝缘的最简便方法，一般适用于较短的电缆。（　　）

24. 充油电缆在有落差的线路上敷设时，必须按照由低处向高处敷设的规定。（　　）

25. 零序电流分布主要取决于发电机是否接地。（　　）

三、简答题（每题 5 分，共 20 分）

1. 试说明 YJLV20-3×240 型号电缆的含义及该电缆的应用场合。

2. 为什么要测量电缆线路的绝缘电阻？如何判断绝缘状态？

3. 试述高压电缆的试验及参数测定方法。

4. 为什么不允许三相四线制系统中采用三芯电缆另加一根导线作中性线的敷设方法？

四、计算题（第一题为 10 分，第二、三、四各为 5 分，共 25 分）

1. 如图 1 所示的电路，使用电烙铁时将开关 S 闭合，不用时将开关 S 断开。电烙铁的额定电压为 220V，功率为 25W，电灯的额定电压和功率为 220V、40W。试计算当 S 断开和闭合时，电烙铁两端的电压各是多少？通过的电流各为多少？电烙铁的功率各是多少？

2. 已知电缆回线总长 200m，电阻系数为 $0.0175\Omega \cdot mm^2/m$，母线电压为 220V，电缆允许压降为 5%，合闸电流为 100A。求：电缆的截面积？

3. 如图 2 所示，求出电路中 e、f 两点的端电压。

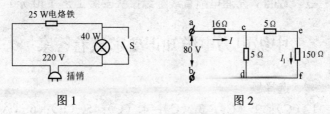

图 1   图 2

4. 某用户装设一台 1800kVA 变压器，若该用户以直埋 10kV 油浸纸绝缘铝芯电缆作进线供电，试问选用什么电缆比较合适？已知：土壤热阻系数为 80℃·cm/W，地温最高为 30℃，常温 25℃下，导体截面 $50mm^2$ 时长期允许载流量为 130A，在长期允许工作温度 60℃时的载流量校正系数为 0.93。

五、识绘图题（5分）

标出如图 3 所示交联聚乙烯电缆热缩型户外终端头各部位名称。

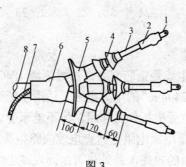

图 3

中级电力电缆技能要求试卷

一、搪铅操作（20分）

二、10kV—XLPE 电缆热缩户外终端头安装并吊装就位的操作（40分）

三、220kV 充油电缆直线绝缘接头安装工艺（40分）

中级电力电缆知识要求试卷答案

一、选择题

1.（C）；2.（C）；3.（C）；4.（C）；5.（B）；6.（A）；7.（B）；8.（A）；9.（B）；10.（C）；11.（D）；12.（C）；13.（B）；14.（B）；15.（D）；16.（A）；17.（B）；18.（B）；19.（A）；20.（A）；21.（D）；22.（A）；23.（B）；24.（C）；25.（D）。

二、判断题

1.（√）；2.（×）；3.（√）；4.（×）；5.（×）；6.（√）；7.（√）；8.（×）；9.（√）；10.（√）；11.（×）；12.（√）；13.（×）；14.（√）；15.（√）；16.（√）；17.（√）；18.（×）；19.（√）；20.（√）；21.（√）；22.（×）；23.（√）；24.（×）；25.（×）。

三、简答题

1. 答：该电缆是铝芯交联聚乙烯绝缘 PVC 护套裸钢带铠装三芯，每芯 240mm² 的电力电缆。适用于隧道、管道及电缆沟内，电缆能承受机械外力作用，但不能承受大的拉力。

2. 答：测量绝缘电阻是检查电缆线路绝缘的最简单方法，一般适用于较短的电缆，此外也可由此发现电缆设备因高压试验后而产生的缺陷，电缆在经过直流耐压试验后比较各相绝缘电阻值，对于判断绝缘状态有很大帮助。由于绝缘的极化和吸收作用，绝缘电阻测读值与加压时间有很大关系，一般是以加压后 15s 及 60s 时所测得的绝缘电阻值 R_{60}/R_{15} 作为吸收比来判断，在同样温度和试验条件下，绝缘越干燥，吸收比越大。

3. 答：（1）两端相位的核对：在一端逐相加上一对地电压，在另一端测量。

（2）导体的直流电阻测量：阻值大于 2Ω 者用单臂电桥，小于 2Ω 者用双臂电桥测量。

（3）绝缘电阻测量：用 2500V 兆欧表测量。

（4）电容测量：可用电容比较法、交流充电法或交流电桥法测量。

（5）阻抗测量：用三极低压电源并对电流、电压和功率测量后计算。

（6）直流耐压和泄漏电流测量：用调压高压变压器、高压硅堆和仪表做试验和测量。

（7）工频交流耐压试验：用调压器和高压变压器、高压硅堆和仪表等做试验。

（8）介质损失角测量：可用反接法在运行电压下进行测量。

4. 答：因为这样做，会使三相不平衡电流通过三芯电缆的铠装而使其发热，从而降低电缆的载流能力，另外，这个不平衡电流在大地中流通后，会对通信电缆的信号发生干扰作用。

四、计算题

1. 解：电烙铁的电阻为

$$R_1=220^2/25=1936（\Omega）$$

电灯泡的电阻为

$$R_2=220^2/40=1210（\Omega）$$

当 S 断开时，电烙铁两端的电压为

$$U_1=220\times R_1/(R_1+R_2)$$
$$=220\times1936/(1936+1210)$$
$$=135.4（V）$$

通过电烙铁的电流强度为

$$I_1=220/(R_1+R_2)$$
$$=220/（1936+1210）$$
$$=0.0699（A）$$

电烙铁的功率为

$$P_1=U_1^2/R_1=135.4^2/1936=9.47（W）$$

当 S 闭合时，电烙铁两端的电压为

$$U_1'=220（V）$$

通过电烙铁的电流强度为

$$I_1'=P_1'/U_1'=25/220=0.114（A）$$

电烙铁的功率为

$$P'=25（W）$$

答：S 断开和闭合时，电烙铁两端的电压分别为 135.4V 和 220V，通过的电流各是 0.0699A 和 0.114A，功率各是 9.47W 和 25W。

2. 解：电缆允许压降为

$$220×5\%=11（V）$$

电缆截面积为

$$S=\rho L/R=0.0175×200/(11/100)≈32（mm^2）$$

答：截面积为 32mm^2。

3. 解：a、b 两点总电阻 R_{ab} 为

$$R_{ab}=16+\frac{5×(15+5)}{5+(15+5)}=20（\Omega）$$

$$I=\frac{80}{20}=4（A）$$

$$I_1=\frac{5}{5+(15+5)}×4=0.8（A）$$

$$U_{ef}=0.8×15=12（V）$$

答：$U_{ef}=12V$。

4. 解：该电缆应通过电流值为

$$I = \frac{1800}{\sqrt{3} \times 10} = 104（A）$$

$50mm^2$、10kV 铝芯电缆敷设于 30℃ 土壤中时载流量为

$$I = 130 \times 0.93 = 121（A）$$

所以选用电缆 ZLQ2-10，3×50 比较合适。

答：选用电缆 ZLQ2-10，3×50 比较合适。

五、识绘图题

答：图 3 所示交联聚乙烯电缆热缩型户外终端头各部位名称如下：

1—端子；2—密封管；3—绝缘管；4—单孔防雨裙；5—三孔防雨裙；6—手套；7—接地线；8—PVC 护套。

中级电力电缆技能要求试卷答案

一、答案如下

序　　号	C05A002	行为领域	e	鉴定范围	2
考核时限	30min	题　　型	A	题　　分	20
试题正文	搪铅操作				
其他需要说明的问题和要求	1. 取长 400mm，直径 80mm 左右的波纹铝管一段，水平固定在离地 400mm 高的支撑物上，在该铝管上环搪铅（摩擦法），可将要求告之被考人员，搪铅宽度 50mm，搪铅厚度 15mm 2. 喷灯法油应远离动火点，否则应扣 2 分				
工具、材料、设备、场地	喷灯（燃气喷枪）；镜子；封铅；硬脂酸；铅焊底料；抹布；砂纸（钢丝刷）；钢尺；外卡；电缆一段或空心波纹管一截				

评分标准	序号	项目名称	质量要求	评分标准	扣　分
	1	清除表面氧化膜			
	1.1	打磨	用砂纸（钢丝刷）打磨铝管表面	2	打磨不干净扣 2 分

297

	序号	项目名称	质量要求	评分标准	扣　分
评分标准	1.2	加热	用喷灯对铝管加热	1	加热不均匀扣1分
	1.3	上底料	在铝管上涂锌锡合金底料	4	未上底料扣2分；涂抹不匀扣2分
	2	搪铅			
	2.1	动作协调	姿势、动作应便于操作	1	不协调扣1分
	2.2	封铅与铝管接触	封铅与铝管接触应牢靠，表面无裂纹	4	接触不好扣3分；有裂纹扣1分
	2.3	对尺寸和形状要求	尺寸和形状应符合题中要求	4	尺寸不对扣2分；形状不好扣2分
	2.4	对美观要求	封焊应均匀，光滑，无毛刺	2	不光滑，不均匀扣1分
	2.5	冷却	用硬脂酸以予冷却	1	未用硬脂酸冷却扣1分
	3	其他			
	3.1	封铅不能落地太多	落地封铅不能超过已使用封铅1/4	1	超过1/4者扣1分
	3.2	时间	冷却封铅不计时	1	时间超过规定时间2min扣1分

二、答案如下

序　号	C54B024	行为领域	f	鉴定范围	2
考核时限	90min	题　型	B	题　分	30
试题正文	10kV-XLPE 电缆热缩户外终端头安装并吊装就位的操作				

其他需要说明的问题和要求	1. 本工作可有二人辅助实施，但不得有提示性行为 2. 为了免除对环境因素的考虑，一般宜在户内进行 3. 导体截面与材质不限，但被考评者应根据不同型号电缆选择附件、工具和相关材料 4. 电缆型号和相位事先告之 5. 施工尺寸见附件供应商提供的图纸 6. 安装高度不低于 5m
工具、材料、设备、场地	1. 压接工具（最好配两套，由操作者选择） 2. 钢锯或其他剪切工具 3. 端子（铜端子、铝端子、铜铝端子各准备一些） 4. 橡塑电缆剥、切、削的专用工具 5. 烙铁 6. 电缆附件（终端头，最好配三套不同规格的终端，由操作人员选择） 7. 喷灯或燃气喷枪

	序号	项目名称	质量要求	评分标准	扣　分
评分标准	1	准备工作			
	1.1	工具、材料的选择	正确选用工具（如压接钳）、附件（终端）和材料（端子）	1.5	选择错误扣0.5分
	1.2	支撑、校直、外护套擦拭	为了便于操作，选好位置，将要进行施工的部分支架好，同时校直，擦去外护套上的污迹	1.5	一项工作未做扣0.5分
	1.3	将电缆断切面锯平	如果电缆三相线芯锯口不在同一平面上或导体切面凹凸不平应锯平	0.5	未按要求做扣0.5分
	1.4	校对施工尺寸	根据附件供应商提供的图纸，确定施工尺寸	2.5	一处尺寸与图纸不符扣0.5分，扣完为止
	2	终端制作			
	2.1	操作程序控制	操作程序应按上述图纸进行	3	程序错误扣0.5分；遗漏工序扣1分，扣完为止
	2.2	剥除外护层、铠装、内护层、内衬、铜屏蔽及外半导电层等	剥切时切口不平，金属切口有毛刺或伤及其下一层结构，应视为缺陷；绝缘表面干净、光滑、无残质，均匀涂上硅脂	3	一项未达要求扣0.5分

299

三、答案如下

序　号	C21C039	行为领域	e	鉴定范围	2
考核时限	600min	题　型	C	题　分	50

试题正文	220kV 充油电缆直线绝缘接头安装工艺

其他需要说明的问题和要求	1. 用 220kV 电缆进行操作是不现实的，也可用其他电缆代替，关键是程序和尺寸要求正确，动作干净利索 2. 要能熟练使用各种专用工具 3. 实在无法实施地区，可用书写方式(如用书写，时间不能超过 45min，且每超过 2min 扣 1 分)

工具、材料、设备、场地	视本地区情况选择设备工具，但一定要保证其适用性

	序号	项目名称	质量要求	评分标准	扣　分
评分标准	1	组装检查	安装前，接头盒作水压或气压试验，检查有无渗漏现象；封铅应有良好热镀锡镀层	2	少做一项检查扣 0.5 分
	2	加热绝缘材料	纸卷用感应桶加热，冲洗油用电炉间接加热，高压电缆油加热温度为 65～70℃	2	两种加热方式有一种错误扣 0.5 分
	3	剥护层（在无高低差情况下）	剥护层的长端为 21.20mm，短端为 900mm（绝缘接头为两侧各 1520mm）	1	一处尺寸有误扣 1 分
			锯铜带自中心起两侧各长 700mm，松开 400mm	1	一处尺寸有误扣 0.5 分

序号	项目名称	质量要求	评分标准	扣 分
		揩净并绕包在铅包上		操作不对扣0.5分
3	剥护层（在无高低差情况下）	揩净铅包，包临时塑料带，套入铜套管，铜套管不应碰到护层的沥青（绝缘接头套铜套管时，要注意接地柱的方向应该成对，并套入绝缘法兰）	1	一处操作不合要求扣0.5分
4	剖铅	剖铅自中心起两侧各长685mm，中心处锯线，将锯屑冲洗干净后，关小两端压力箱，自剖铅口包干净的临时塑料带270mm，切纸85mm	7	剖铅2分，尺寸2分，保洁1分，压力箱操作1分，切纸1分
5	压接	插入钢衬芯及压接管，共压两次，每次压四道，先压中间，后压两侧，表压力为69MPa（700kgf/cm^2），持续1min，每道压两次，在第一次压好后，压模转45°，再压第二次。压接管锉平打毛，冲洗干净	4	未按规定压接扣1分，未作洗洁处理扣1分，表压不对扣1分，接管未打光扣1分

（左侧纵向文字：评分标准）

6 组卷方案

6.1 理论知识考试组卷方案

技能鉴定理论知识试卷每卷不应少于五种题型，其题量为45～60题（试卷的题型与题量的分配，参照附表）。

附表 试卷的题型与题量分配（组卷方案）表

题 型	鉴定工种等级		配 分	
	初级、中级	高级工、技师	初级、中级	高级工、技师
选 择	20题（1～2分/题）	20题（1～2分/题）	20～40	20～40
判 断	20题（1～2分/题）	20题（1～2分/题）	20～40	20～40
简答/计算	5题（6分/题）	5题（5分/题）	30	25
绘图/论述	1题（10分/题）	1题（5分/题） 2题（10分/题）	10	15
总 计	45～55	47～60	100	100

高级技师的试卷，可根据实际情况参照技师试卷命题，综合性、论述性的内容比重加大。

6.2 技能操作考核方案

对于技能操作试卷，库内每一个工种的各技术等级下，应最少保证有5套试卷（考核方案），每套试卷应由2～3项典型操作或标准化作业组成，其选项内容互为补充，不得重复。

技能操作考核由实际操作与口试或技术答辩两项内容组成，初、中级工实际操作加口试进行，技术答辩一般只在高级工、技师、高级技师中进行，并根据实际情况确定其组织方式和答辩内容。